女裝&禮服
成 衣 打 版 技 法

Pattern Making & Production of
Women,s Garments & Ceremonial Dress

彩圖2 （參見第　頁）

彩圖1 （參見第　頁）

彩圖4
（參見第　頁）

彩圖3
（參見第　頁）

76230

彩圖6
（參見第　頁）

彩圖5
（參見第　頁）

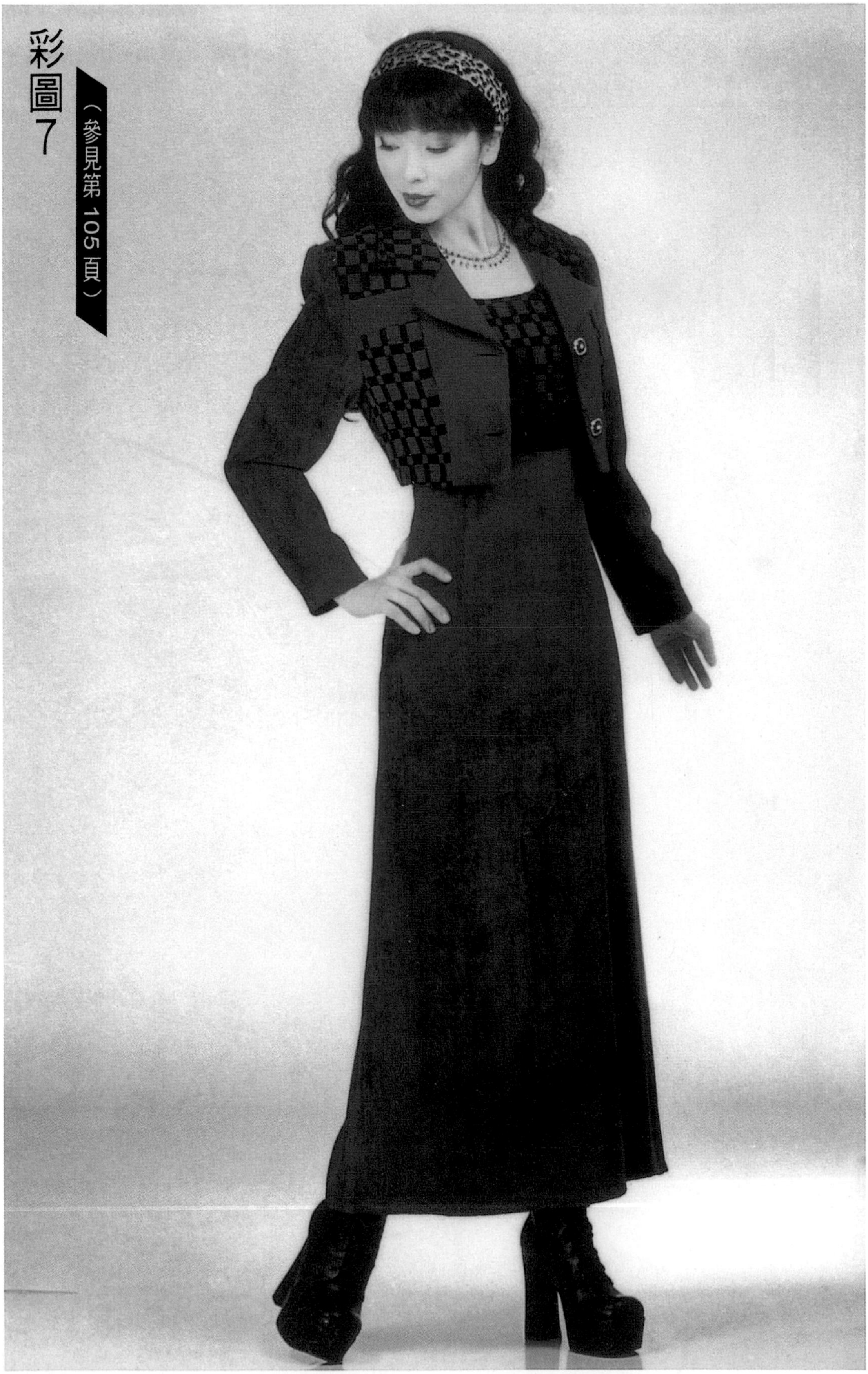

彩圖7

（參見第105頁）

彩圖9 （參見第 136 頁）

彩圖8 （參見第 124 頁）

彩
圖
（參見第 138 頁）

彩圖
（參見第 142 頁）

彩圖
（參見第 140 頁）

作者資歷

翁 麗明

◎蕭妮時裝公司打版師　◎徐榮昌牛耳服飾開發打版師
◎巧屋個人訂作店工作室　◎臺東縣立婦女會縫紉班指導老師
◎臺東縣立獅子會制服造型設計顧問　◎亞蜜兒服飾開發設計師
◎多次前往歐洲、日本、香港、大陸及東南亞時裝趨勢考察
◎如柔牛仔服飾開發設計師、打版師
◎臺北救國團成衣打版課程指導老師
◎寶島服飾開發公司服裝設計師
◎良沈纖維公司布料設計企劃顧問
◎臺南救國團服裝美學企劃課程指導老師
◎臺南新女牛仔系列服飾開發公司服裝設計、打版師
◎臺南米提服飾開發公司設計師◎臺南式式服飾開發公司設計師
◎炘盛成衣貿易公司約聘顧問
◎翁麗明服飾設計、企劃、打版學苑顧問中心
◎藝峰服飾開發公司設計、打版師
◎尚慶牛仔開發有限公司設計打版
◎出版「創意成衣打版基礎・流行版」女裝一書
◎出版「男裝・童裝成衣打版技法一書」
諮詢電話：(06)288-1316

蘇 惠玲

◎國立臺灣師範大學家政教育學系畢業
◎輔仁大學織品服裝研究所碩士班畢業
◎省立頭城家商服裝科科主任　◎省立頭城家商服裝科專任教師
◎輔仁大學織品服裝系圖書館助教　◎中華民國流行色彩協會研究員
◎第十四屆國際服飾會議發表著作
◎康和出版社國中家政教科書服裝單元顧問
◎出版「創意成衣打版基礎・流行版」女裝一書
◎出版「男裝・童裝成衣打版技法一書」
諮詢電話：(039)772-488

序

感謝讀者的愛戴與熱誠回應，使我們第三本「女裝・禮服」打版書能順利出版。我們在作者資歷中列入諮詢專線，讀者可在不清楚本書內容的情況下，可與我們直接溝通，也歡迎讀者不吝隨時給予指教。此書的女裝部份，是繼另一本女裝「打版基礎・流行版」再深入探討流行的款樣，因此建議讀者能對女裝基礎部份(尤其是原型及領子部份)詳加了解後，此第三本書就能駕輕就熟，運用自如了。此本書另一特點是禮服部份，禮服打版的書籍，在市場幾乎付之闕如，資料難以尋覓。因此，學界的莘莘學子常為了學校的畢業展，而有不易尋得資料的情形發生。本書的禮服款式也隨著近幾年的流行趨勢，添加了幾件上、下合身簡潔的樣式，不似傳統禮服裙襬寬大的模式。希望此禮服部份的增加，能給莘莘學子及業界多一份參考的資料，也請讀者不吝多多指教。

台灣的服裝產業未來該何去何從？發展的方向及定位該如何？常是業界及學界提出的熱門話題。台灣產業結構的改變，人民勞工薪資的年年高漲，幾乎從前需要勞力的廉價代工事業，漸漸受到淘汰，勞力的市場已漸漸無法在台灣生存，繼之而起的是腦力替代勞力的電腦科技資訊產業，這樣的轉型改變，直接衝擊台灣舊有需要勞力付出的服裝產業部門，尤其是紡織廠及成衣廠需要大批人力的公司紛紛移向海外，才能在市場上繼續生存及競爭。那麼留在台灣境內的服裝產業未來該如何走呢？加入及提昇設計的概念，讓原本代工的服裝產業，注入設計的原素，使服裝產品利潤提高，不再以眾多勞力低利潤的方式來經營。推其源頭，這其中牽涉服裝教育的問題，想要提升設計的水準，就必須加入藝術及美感教育的課程。台灣的大環境，比較吃虧的是無法像歐美或義大利等地區，周遭的生活環境舉目所見，到處都有很美的東西，隨時隨地無形中可薰陶人們的藝術涵養，因此在台灣設計人才的培育上想在世界佔一席之地就必須更加努力。然而，在世界流行風潮趨向本土化，強調文化特色的時候，我們應將中國獨特的文化精髓注入服飾文化中，才能有別其他國家的服飾，也才能在國際競爭舞台中，發揮及佔有自己所屬的一片天空，不需再汲汲追求西方的流行步伐，卻永遠走在別人後頭。因此，在未來的世界是中國人的世紀裡，身為中國人的一份子，大家應多貢獻一點心力，為服裝未來的產業繼續努力吧！

本書的內容是針對時下的服裝流行款式，再作深入的探討，當然讀者在了解各部份打巧之後，也希望能發揮您的創意，變化各種款樣，進而打版設計出個人的獨特風格。此書的出版，如同前兩冊，仍不免有疏漏或不宜之處，敬請讀者多包容與不吝賜教。

翁麗明・蘇惠玲
2005.05 謹識

目錄

● CONTENT ●

時 裝單元

第一章　上衣

第二章　洋裝

第三章　外套

第四章　大衣

第五章　套裝(上衣或外套＋裙子)

成衣打版基本概念

　　目前我們舉目所見市面上的服飾店，大都擺設"成衣"，"成衣"此兩字已與人類的生活成了密不可分的關係，人們脫離它，社會進步的原動力將大為降低，婦女們或許必須如同古代婦女般，耗費多時製作家人的衣物，而無法與男人在事業上共同打拼，整個人類的生活史、社會進步史、經濟史或許也將因而改變，可見"成衣"在現代分秒必爭的社會中，它的地位是不可抹煞的。

　　何謂"成衣"？"成衣"是指依照人類體型的標準比例尺寸，以大量生產方式製作的衣服，它是不同於個人訂作店，只為單一穿者量身製作的服裝。"成衣"的發展，得推源於十八世紀的工業革命，使新的機器不斷地發明，其中紡織工業，更拜工業革命所賜，而能蓬勃發展。十八世紀之前，人們製作服裝無機器代勞，皆是用手工裁剪及縫製，相當耗時；十八世紀之後，陸續有人發明簡單的縫紉機，從腳踩進步到可用電動，從車縫運轉的速度由慢到快，從簡單的單功能車縫進步到多功能的電腦控制系統等等，這些如雨後春筍般的改良機器，不斷創新、進步，使的原本人類的衣物僅為保護身體、禦寒、保暖的基本需求，漸漸提升至追求流行，標榜個性，重視品質的衣物充裕年代。

　　何謂"打版"？"打版"是指根據量身標準比例尺寸及原型，將設計款式以平面製圖法所繪製的樣版。通常工業用的樣版，會經過縫紉師先製作完成一件成品(即樣品)，經過數次試穿、修正後已符合所需，才開始用此樣版，大量裁剪製作成衣。工業用的紙版，常加有縫份、記號、標線、型號及尺碼等。

　　"成衣"的地位，在此工商繁忙的現代社會中是無法被取代的。因而"成衣打版師"在相形之下，更顯出其重要性。成衣打版師是銜接設計師與裁縫師之間的橋樑，他必須傳達設計師所欲表達的設計理念與線條，將較具抽象的繪畫圖案轉化成具體可行的製作樣版，而他又必須兼負傳達製作技巧給裁縫師，故良好的溝通能力與人際關係是專業技術之外，必須具備的人格特質。然而如何成為一位良好且具專業素養的成衣打版師呢？以下提出基本的需求事項：

　　(1)充分掌握人體的機能性

　　(2)了解運用的素材特性

　　(3)熟知車縫技巧

　　(4)敏感度佳

　　(5)具有創造力

　　(6)良好溝通能力

　　(7)好的美學素養

(8)掌握流行線條

(9)會活用立體裁剪

(10)熟知排版與用布量

(11)了解紙型放大與縮小

另外，可參考如下圖在成衣設計製作的生產流程中，打版師的地位。

成衣設計製作的生產流程

成衣打版師完成打版圖樣，送交工廠大量製作之前，需檢驗紙型，不得有誤差，有關該注意事項有：

(1)加工卡號、尺寸、片數及布紋方向是否正確。

(2)整件款式的總片數。

(3)各部份尺寸、縫份及下水的縮率(如牛仔褲縮率大)。

(4)表布、襯布、裏布貼邊等版子的配合。

(5)牙口位置是否符合及正確。

(6)口袋位置記號是否正確。

(7)接縫、飾縫的位置。

(8)車縫回縮位置(如袖山的縮縫處)。

目前臺灣女裝的成衣尺寸代號，少女裝為9號，少淑女為10號，淑女為11-12號或13號以上，而其年齡的分界，可參見如下表。市場上A級品的價格約為成本價的5-6倍或更多，B級品的價格約為成本價的3.5-4倍。

年齡與穿著定位概分表

0～6歲	6～12歲	12～15歲	15～18歲	18～22歲	22歲以上	30歲
(幼年)小學入學～小學畢業		中學畢	高中畢	大專畢	就業	家庭主婦
CHILDREN	TEENS	TEENS	TEENS	MISS YOUNG	OFFICE LADY CAREER	MRS/ 兼職
男、女童裝		少女裝、少男裝			少淑女裝	淑女裝

另外，時裝設計與成衣設計是有所不同的，如時裝設計的特點為：

(1)以突破傳統，帶動新潮流的造型為目的，是創造流行者。

(2)設計師可大膽自由的發揮創作。

(3)可為少數人單件設計及生產。(如影歌星等)

(4)作法上偏重強調特殊效果且複雜。

(5)款式新穎，售價高昂。

(6)產品的消費有特定的客戶階段。

成衣設計的特點為：

(1)傳統中帶新的質感及實用的造型。

(2)設計師依消費市場動向而設計。

(3)符合適量生產的商業經濟原則。

(4)作法上要求線條簡單、大方及大眾化。

(5)產品注重節省手工及尺碼齊全。

(6)款式與售價適合一般消費者的要求。

(7)產品配合時令，求心求變，商業的競爭劇烈。

量身法

　　在打版之前，首先要知道如何量身。正確的量身，可以省去改圖、試穿及縫製的次數，節省大量的工作時間。但如何正確的量身呢？首先需熟知圖一～二及表一～二，表一為打版常用的製圖代號，例如其中的臀圍線，英文全稱為Hip Line，英文簡稱為H.L.，打版時常用英文簡稱H.L.標示，可節省寫字佔用的時間及位置。圖一為重要的量身基礎線，以側身圖示，可方便量身者了解重要的幾個緯向量身位置。圖二為量身時重要的計測點，先熟悉人體結構中的計測點，並在被量者身上以"+"型畫在計測點的位置，可方便且正確的量身，而各個計測點所代表的意義如下：

(1) 頭頂點：為身體自然站立壓平頭髮後，頭部的最高點，若從地板量起，則為此人的身高。

(2) 側頸點：因為此處沒有骨頭可方便抓出基準點，所以必須觀察頸部側而中央稍靠後方的位置，此點也是決定肩線的基準。

(3) 頸圍前中心點：在頸部前中心左右鎖骨的正中心有凹陷之處。

(4) 頸圍後中心點：將頭部向前傾，可觸摸到後頸處突出的部份，其為第七個頸椎骨。

(5) 肩端點：為上手臂寬度的中點位置，量此點時可用兩個長條型的紙板輔助，一個紙板擺在肩線處，另一個放在上手臂的地方，兩者交會處取其中點，即為肩端點所在。此點也是量取肩寬或袖長的基準點。

(6) 前腋點：放下手臂時與胸部交界產生皺紋之處。

(7) 後腋點：同前腋點，放下手臂時與背部交界產生皺紋之處。

(8) 乳尖點：即乳頭的位置。

(9) 腰圍線前中心點：即腰圍與前中心線的交會點。

(10)腰圍線後中心點：即腰圍線與後中心線的交會點。

(11)肘點：為手臂肘關節的突出點，是量袖長時的關鍵點。

(12)手根點：為手腕處的突出點，是量袖長時的關鍵點。

(13)轉子點：此點為於臀圍線上，即骨盤的下方。其求法可將雙腿向外側張開，大腿根部出現凹陷之處。

(14)膝蓋骨中點：即膝蓋骨前中心處。

(15)內踝點：小腿內側下端突出的踝骨處。

(16)外踝點：小腿外側下端突出的踝骨處。此點比內踝點低，為測量褲長的基準點。

　　熟悉以上的量身基礎及計測點後，接下來準備開始量身，被量身者穿緊身衣及襯裙，穿適合的內衣，及常穿用的高跟鞋，繫上腰圍帶，以自然姿勢、輕鬆愉快的姿態站好。量身者站在被量身者的斜前右方，不要造成被量者有壓迫感、不舒服之感，以敏捷的速度完成它。量身時若體型左右兩邊差異不大，則以右半身為準；若相差很大則左右兩邊都需量身，相對地打版時也要註明左右身之不同。以下介紹簡便量身法(可順便參考表二的體型標準尺寸表)：

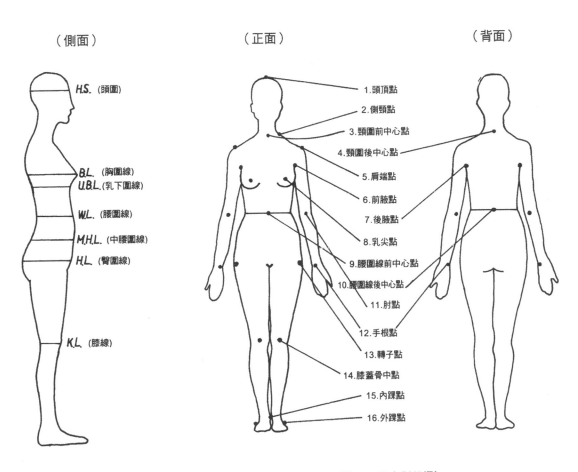

（側面）

H.S. (頭圍)

B.L. (胸圍線)
U.B.L. (乳下圍線)

W.L. (腰圍線)

M.H.L. (中腰圍線)

H.L. (臀圍線)

K.L. (膝線)

（正面）　　　　　（背面）

1.頭頂點
2.側頸點
3.頸圍前中心點
4.頸圍後中心點
5.肩端點
6.前腋點
7.後腋點
8.乳尖點
9.腰圍線前中心點
10.腰圍線後中心點
11.肘點
12.手根點
13.轉子點
14.膝蓋骨中點
15.內踝點
16.外踝點

圖一　量身基礎線　　　　　圖二　量身計測點

表一　製圖代號

部位名稱	英文全稱	英文簡稱
胸圍	Bust	B.
腰圍	Waist	W.
臀圍	Hip	H.
胸圍線	Bust Line	B.L.
乳下圍	Under Bust	U.B.
腰圍線	Waist Line	W.L.
中腰圍	Middle Hip	M.H.
臀圍線	Hip Line	H.L.
肘線	Elbow Line	E.L.
膝線	Knee Line	K.L.
乳尖點	Bust Point	B.P.
頸圍前中心點	Front Neck Point	F.N.P.
側頸點	Side Neck Point	S.N.P.
頸圍後中心點	Back Neck Point	B.N.P.
肩端點	Shoulder Point	S.P.
袖襱	Arm Hole	A.H.
頭圍	Head Size	H.S.

表二　成衣工廠常用的體型標準尺寸表

部位 ＼ 號碼/英吋	9(M)	11(ML)	13(L)	15(LX)
背長	$14\frac{1}{2}$	15	$15\frac{3}{8}$	$15\frac{3}{4}$
肩寬	15	15	$15\frac{3}{8}$	$15\frac{3}{4}$
背寬	14	$14\frac{1}{4}$	$14\frac{3}{8}$	$14\frac{3}{4}$
胸圍(B)	35	36	37	38
腰圍(W)	25	26	28	30
臀圍(H)	36	37	38	40
領圍(N)	$14\frac{1}{2}$	15	$15\frac{3}{8}$	$15\frac{3}{4}$
乳寬(BP寬)	$9\frac{1}{2}$	10	$10\frac{3}{8}$	$10\frac{3}{4}$
乳長(BP長)	7	$7\frac{1}{4}$	$7\frac{3}{8}$	$7\frac{3}{4}$
前身長	16	$16\frac{1}{4}$	$17\frac{3}{8}$	$17\frac{3}{4}$
袖長	$21\frac{1}{2}$	22	$22\frac{3}{8}$	$22\frac{1}{2}$
肘長	$11\frac{1}{2}$	$11\frac{7}{8}$	12	$12\frac{1}{4}$
腕圍	$6\frac{1}{2}$	$6\frac{3}{4}$	$7\frac{1}{4}$	$7\frac{1}{4}$
掌圍	$7\frac{7}{8}$	$8\frac{1}{4}$	$8\frac{5}{8}$	$8\frac{7}{8}$
頭圍	22	$22\frac{1}{2}$	$22\frac{3}{4}$	$23\frac{1}{4}$
腰長	$7\frac{3}{4}$	8	$8\frac{1}{8}$	$8\frac{1}{4}$
股上	$10\frac{5}{8}$	11	$11\frac{1}{2}$	12
褲長	38	39	40	41

* 尺寸中所標(ML)是指(M)(L)之間，沒有分段數的通用尺寸

簡便量身法

1.頭圍

從前額頭中央經過耳朵上方，繞過後腦突出處一圈的尺寸。

2.領圍

將皮尺豎起，經過頸圍前中心點、側頸點及頸圍後中心點，環繞一圈。量時將二隻手指頭放入皮尺內，增加領圍的鬆份。

2.胸圍

皮尺經過乳尖點,水平環繞一圈。

4.乳下圍

皮尺水平環繞乳房的下緣位置。女性購買胸罩時，此為必要尺寸。

5.腰圍

皮尺經過腰圍線前中心點，繞過腰圍線後中心點，水平環繞一圈。

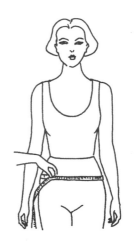

6.腹圍

即中腰圍，在腰圍與臀圍的中間處。尤其中年婦女腹圍較大，此為必須量取的尺寸。

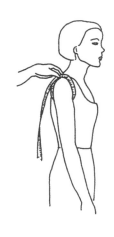

7.臀圍

皮尺經過轉子點，環繞臀部最高處。若腹部很大或大腿粗壯者，可在前面腹部或大腿放置長紙板，觀察紙板與前中心臀圍處產生的距離，作為臀圍尺寸增加的份量。

8.上臂圍

為上臂根部最粗處水平環繞一圈。

9.臂根圍

經過肩端點、前腋點及後腋點環繞手臂根部一圈。此尺寸再加一成的寬份，即是標準的袖襱尺寸。

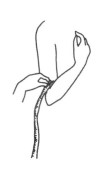

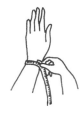

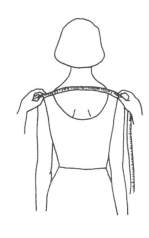

10.肘圍

彎曲肘部，經過肘點環繞一圈。製圖合身窄袖時，需用此尺寸。

11.腕圍

經過手根點環繞一圈，量時加入二根指頭的寬份。

12.掌圍

將手指頭併直，拇指輕貼於手掌側，環繞一圈。

13.肩寬

經過頸圍後中心點，量取左右肩端點之間的尺寸。

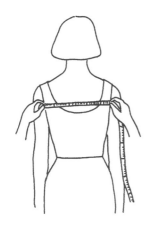

14.背寬

背部左右腋下點之間的尺寸。

15.胸寬

胸部左右腋下點之間的尺寸。

16.乳寬

左右乳尖點之間的尺寸。

17.背長

從頸圍後中心點量到腰圍線後中心點之間的尺寸。宜配合肩胛骨的高度給予適當的鬆份。

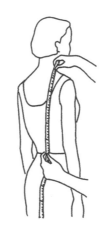

18.後身長

自側頸點垂直放下量至腰圍線的尺寸。

19.乳長(B.P.長)

自側頸點量至乳尖點的位置。

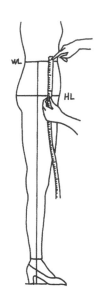

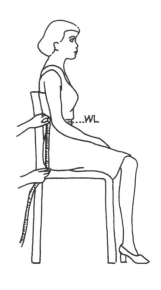

20.前身長

自頸側點經過乳尖點量至腰
圍線。

21.腰長

自腰圍線量至臀圍線的尺
寸，需在　邊位置測量。

22.股上

如圖坐在平而硬的椅子上，
量取腰圍線至臀部根部的尺
寸。

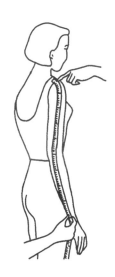

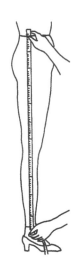

23.袖長

自肩端點順著自然微向前傾
斜的手臂，量至手根點。

24.褲長

從　邊的腰圍線垂直放下，
經過膝蓋，量至腳的外踝
點，其長度可隨喜好而定。

製圖工具簡介

製圖時需要一些輔助畫直線、曲線的工具，以便能迅速、正確地畫出想要的線條。製圖工具雖有公分及英吋之分，但使用的原理是一樣的，以下介紹幾種常用的尺寸換算法：

(1)1 公尺約等於 3.3 台尺

(2)1 台尺約等於 30 公分

(3)1 台寸約等於 3 公分

(4)1 吋約等於 2.54 公分

(5)1 碼約等於 3 台尺

(6)1 呎等於 12 吋

以下分別介紹常用的幾個製圖工具：

1. 直尺

可量長度及畫直線使用，也可用在裁剪及縫製上。材料有竹製、塑膠製及金屬製等，有 20、30、50、100公分等不同規格。

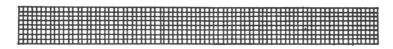

2. 方格尺

可量長度、畫直線、平行線、直角、45度線使用，是透明的規尺，上面方格亦是尺寸的大小，很方便使用。因其柔軟度佳，也可將方格尺彎曲，量取彎曲的尺寸，如袖襱、袖山等。公分製有40、50、60公分的規格，英吋製有20英吋的規格。

3. 彎尺

畫脅線、褶子、領子等彎曲度使用。

4. L尺

兼具彎尺及角尺的性能，可畫直線及彎曲線。

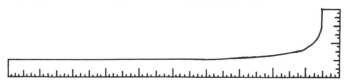

5. 雲尺

可畫袖山、袖襱、領圍等彎曲線使用。

6. D彎尺

畫袖襱線、領圍線等彎曲線使用。

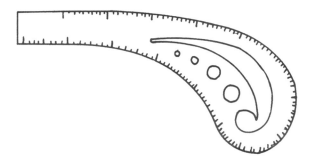

7. 縮尺

將實際尺寸縮為1/4或1/5的刻度尺，形狀類似三角板，兼具有角尺與彎尺的性能，通常用於畫縮小圖使用。

8. 皮尺

可用於量身及測量領圍、袖山、袖襱等彎曲線的尺寸大小。

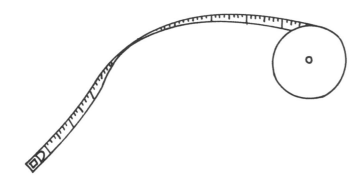

製圖符號

熟悉打版的製圖符號是相當重要的。其理由如下：

一、可省去說明打版圖的麻煩與時間。

二、能保持版面的工整性。

三、便利於參考其他打版書籍。

四、從打版圖形中可得知如何裁布、車縫及伸燙等。

下面介紹常用的製圖符號。

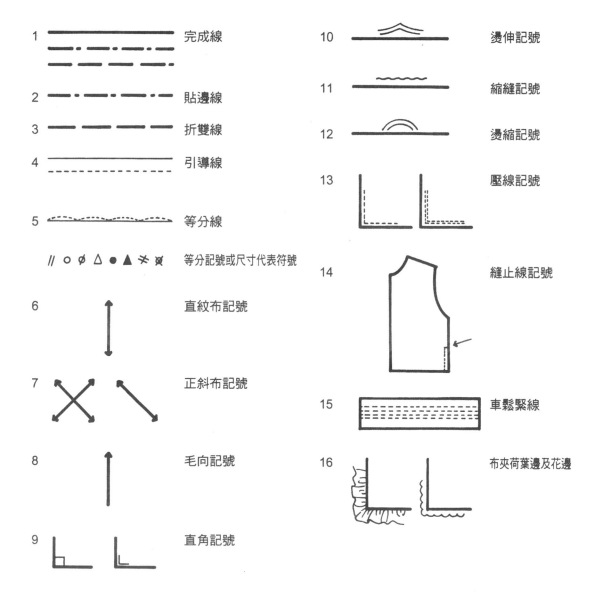

1　完成線

2　貼邊線

3　折雙線

4　引導線

5　等分線

　　等分記號或尺寸代表符號

6　直紋布記號

7　正斜布記號

8　毛向記號

9　直角記號

10　燙伸記號

11　縮縫記號

12　燙縮記號

13　壓線記號

14　縫止線記號

15　車鬆緊線

16　布夾荷葉邊及花邊

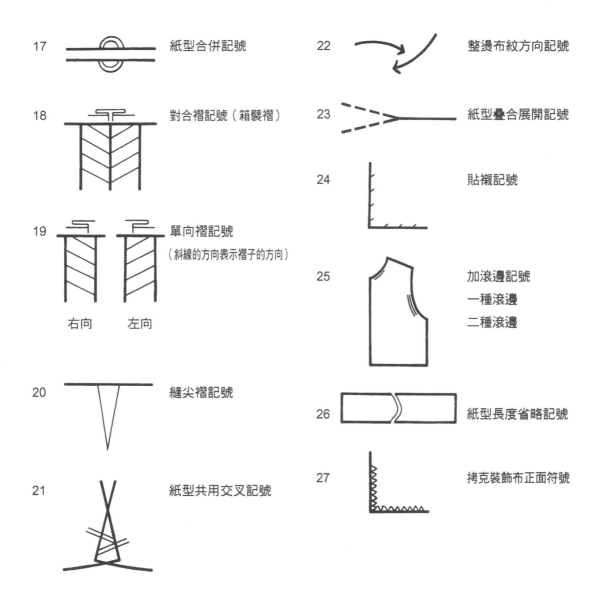

17　紙型合併記號

18　對合褶記號（箱襞褶）

19　單向褶記號
（斜線的方向表示褶子的方向）

右向　　左向

20　縫尖褶記號

21　紙型共用交叉記號

22　整燙布紋方向記號

23　紙型疊合展開記號

24　貼襯記號

25　加滾邊記號
一種滾邊
二種滾邊

26　紙型長度省略記號

27　拷克裝飾布正面符號

用布量的估計法

單位：英吋

服裝種類		布寬	估計方法	
腰圍有剪接 的連裙裝		36″	(背長＋$2\frac{3}{4}$″＋裙長＋$3\frac{1}{4}$″)×2＋袖長＋$2\frac{3}{8}$″	
		58″	背長＋$2\frac{3}{4}$″＋裙長＋$3\frac{1}{4}$″＋袖長＋$2\frac{3}{8}$″	
		裡布 (36″)	袖子不上裡布時 (背長＋$2\frac{3}{4}$″＋裙長＋$3\frac{1}{4}$″)×2	
襯衫型 連裙裝		36″	(衣長＋4″)×2＋袖長＋$1\frac{5}{8}$″＋領子(4″)	
		58″	衣長＋8″＋袖長＋$1\frac{5}{8}$″	
		裡布 (36″)	(衣長＋2″)×2＋袖長＋$1\frac{5}{8}$″	
襯衫		36″	(上衣長＋$3\frac{1}{4}$″)×2＋袖長＋$1\frac{5}{8}$″	
		58″	上衣長＋$3\frac{1}{4}$″＋袖長＋$1\frac{5}{8}$″	
階層裙 (細褶份量 1.5 倍)		36″	(裙長＋4″)×3	
		58″	(裙長＋4″)×1.5	
斜裙 (四片裙)		36″	(裙長＋4″)×4	
		58″	(裙長＋$5\frac{3}{8}$″)×2	
		裡布 (36″)	減少襬寬、細褶份時 (裙長＋$2\frac{3}{4}$″)×2	
褲裙			紙型同一方向排置時	紙型交插排置時
		36″	(裙長＋$3\frac{1}{4}$″)×3	(裙長＋$3\frac{1}{4}$″)×2＋腰帶份(4″)
		58″	(裙長＋$3\frac{1}{4}$″)×2	(裙長＋$3\frac{1}{4}$″)×1.5
		裡布 (36″)	(裙長＋2″)×2	
外套		36″	(外套長＋$3\frac{1}{4}$″)×2＋(袖長＋$2\frac{3}{8}$″)×2	
		58″	外套長＋$3\frac{1}{4}$″＋袖長＋$2\frac{3}{8}$″＋領子(12″)	
		裡布 (36″)	(外套長＋$1\frac{5}{8}$″)×2＋袖長＋$1\frac{5}{8}$″	

服裝種類	布寬	估計方法	
百褶裙 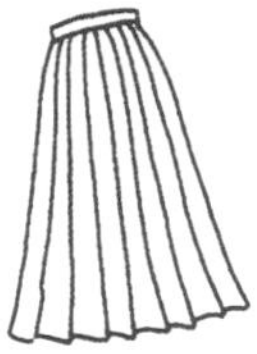	36″	(裙長 + 3¼″) × 3	
	雙幅 (58″)	(裙長 + 3¼″) × 2	
	裏布 (36″)	(裙長 + 2″) × 2	
背心裙 	36″	〔背長 + 2¾″〕× 2 + 〔(裙長 + 3¼″) × 2〕	
	雙幅 (58″)	〔背長 + 2¾″〕+ 〔裙長 + 3¼″〕	
	裏布 (36″)	〔背長 + 2¾″〕× 2 + 〔(裙長 + 2″) × 2〕	
套裝 	36″	〔(上衣長 + 4″) × 3〕+ 〔(裙長 + 3¼″) × 2〕	
	雙幅 (58″)	〔(上衣長 + 4″) × 2〕+ 〔裙長 + 3¼″〕+ 〔領分(6″)〕	
	裏布 (36″)	〔(上衣長 + 2¾″) × 2〕+ 〔(裙長 + 2″) × 2〕	
長褲 	36″	(褲長 + 4″) × 2	
	雙幅 (58″)	褲長 + 4″	
	裏布 (36″)	(褲長 + 2″) × 2	
外套 	36″	雙排釦	〔(外套長 + 4″) × 3〕+ 〔領分(14″)〕
		單排釦	〔(外套長 + 4″) × 2〕+ 〔袖長 + 2¾″〕+ 〔領分(8″)〕
	雙幅 (58″)	雙排釦	〔(外套長 + 4″) × 2〕+ 〔袖長 + 2¾″〕
		單排釦	〔(外套長 + 4″) × 2〕+ 〔領分(8″)〕
	裏布 (36″)	〔(外套長 + 2¾″) × 2〕+ 〔袖長 + 1⅝″〕	

雙排釦　　單排釦

※需要對花、長毛、絨面的布料，要多加 1 ～ 3 成。
※此估計方法是以成人女子參考尺寸表的〝M〞為基準。

公分與英寸對照表

公分	英寸	公分	英寸	公分	英寸
0.3	1/8 吋	12.5	5 吋	92.5	37 吋
0.6	1/4 吋	15	6 吋	95	38 吋
1	3/8 吋	17.5	7 吋	97.5	39 吋
1.3	1/2 吋	20	8 吋	100	40 吋
1.6	5/8 吋	22.5	9 吋	102.5	41 吋
1.9	3/4 吋	25	10 吋	105	42 吋
2.3	7/8 吋	27.5	11 吋	107.5	43 吋
2.5	1 吋	30	12 吋	110	44 吋
2.8	$1\frac{1}{8}$ 吋	32.5	13 吋	112.5	45 吋
3.1	$1\frac{1}{4}$ 吋	35	14 吋	115	46 吋
3.5	$1\frac{3}{8}$ 吋	37.5	15 吋	117.5	47 吋
3.8	$1\frac{1}{2}$ 吋	40	16 吋	120	48 吋
4.1	$1\frac{5}{8}$ 吋	42.5	17 吋	122.5	49 吋
4.4	$1\frac{3}{4}$ 吋	45	18 吋	125	50 吋
4.8	$1\frac{7}{8}$ 吋	47.5	19 吋	127.5	51 吋
5	2 吋	50	20 吋	130	52 吋
5.3	$2\frac{1}{8}$ 吋	52.5	21 吋	132.5	53 吋
5.6	$2\frac{1}{4}$ 吋	55	22 吋	135	54 吋
6	$2\frac{3}{8}$ 吋	57.5	23 吋	137.5	55 吋
6.3	$2\frac{1}{2}$ 吋	60	24 吋	140	56 吋
6.6	$2\frac{5}{8}$ 吋	62.5	25 吋	142.5	57 吋
6.9	$2\frac{3}{4}$ 吋	65	26 吋	145	58 吋
7.3	$2\frac{7}{8}$ 吋	67.5	27 吋	147.5	59 吋
7.5	3 吋	70	28 吋	150	60 吋
7.8	$3\frac{1}{8}$ 吋	72.5	29 吋	152.5	61 吋
8.1	$3\frac{1}{4}$ 吋	75	30 吋	155	62 吋
8.5	$3\frac{3}{8}$ 吋	77.5	31 吋	157.5	63 吋
8.8	$3\frac{1}{2}$ 吋	80	32 吋	160	64 吋
9.1	$3\frac{3}{8}$ 吋	82.5	33 吋	162.5	65 吋
9.4	$3\frac{3}{4}$ 吋	85	34 吋	165	66 吋
9.8	$3\frac{7}{8}$ 吋	87.5	35 吋	167.5	67 吋
10	4 吋	90	36 吋	170	68 吋

婦女上衣原型

原型

　　何謂原型？原型是指依照簡單的幾個量身尺寸如背長、胸圍及肩寬等，繪製簡單、合身又富機能性的平面紙型。在製作其他款式如襯衫、洋裝等，可依原型為基礎再加出想要的寬鬆份、線條等。

　　原型依其性別或年齡而有婦女服裝原型、男子服裝原型、兒童服裝原型等。在婦女服裝原型方面，依人體部位的區分又可分為上衣原型（如圖一）及袖子原型（如圖二）。

一、上衣原型

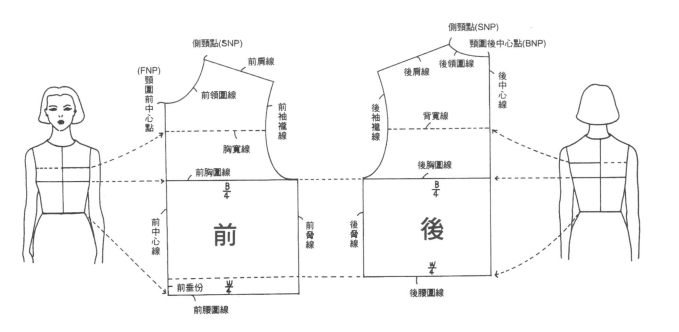

圖一　上衣原型

二、袖子原型

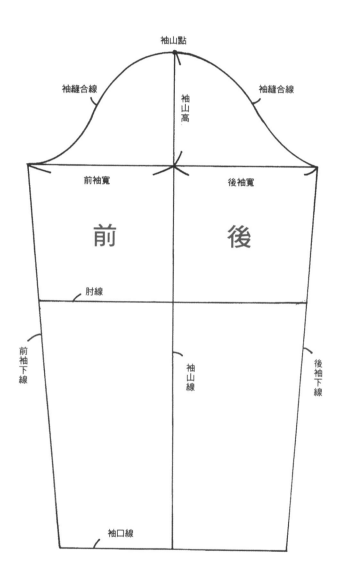

圖二　袖子原型

原型的繪製

一、 上衣原型

此原型是以背長、胸圍及肩寬為基本尺寸，經計算後再繪製簡單的基礎線條。此原型的特色是精簡、合身又富機能性。通常人體左、右身大都是均衡的，故只繪製半身的原型。

　　1. 畫基礎線

　　　在縱方向上取背長及（背長/2 ＋ ³/₄″）的尺寸；在橫的方向取（肩寬/2）及（胸圍/4）的尺寸，畫出簡單的基礎線。（如圖三）

　　2. 上衣完成線

　　　取出 B.P 的長及寬、（前胸/2）、（背寬/2）的尺寸位置，再畫出領圍、袖圈的弧度及胸褶、肩褶的大小即可。（如圖四）

二、 袖子原型

先量好上衣前片加後片的整個袖圈尺寸（即AH）。在縱方向上取袖長、（袖長/2+1″）及（AH/4+³/₄″）的尺寸；在橫方向左右各取（AH/2）、左右袖口各5″的尺寸，先畫出基礎線，再畫出袖山弧度。（如圖五）

三、上衣原型基礎線

製圖尺寸
(有加入鬆份)

背長 15″ 　 前胸寬 14″
背寬 14½″ 　 胸圍 36″
肩寬 15″ 　 B.P 長 10″
B.P 寬 7″ 　 AH16″
袖長 21½″

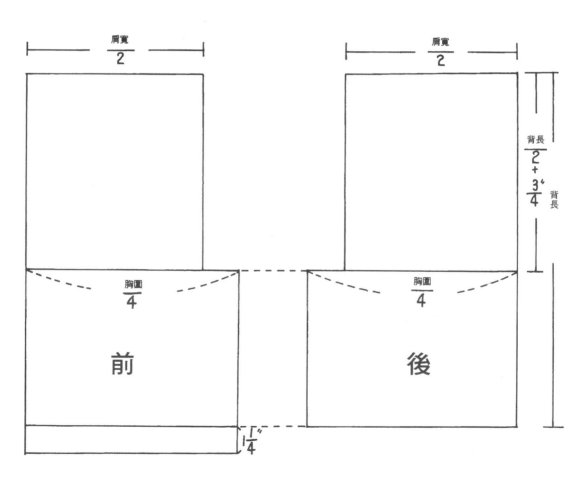

圖三

四、上衣原型完成圖

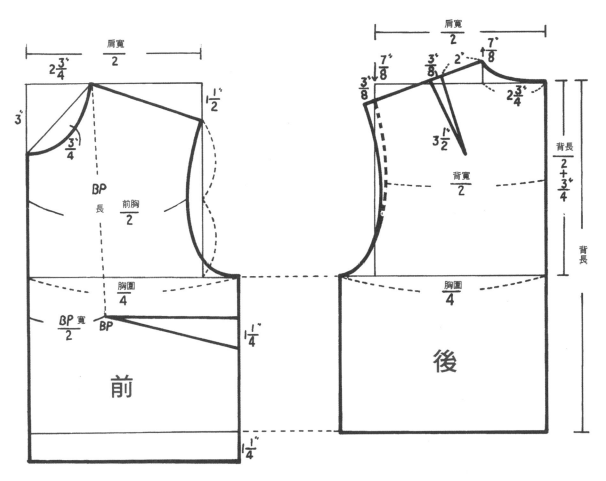

※因身材之不同 $1\frac{1}{4}''$ 前垂份可 $\frac{1}{2}'' - \frac{3}{8}''$ 之差距

圖四

五、袖子原型

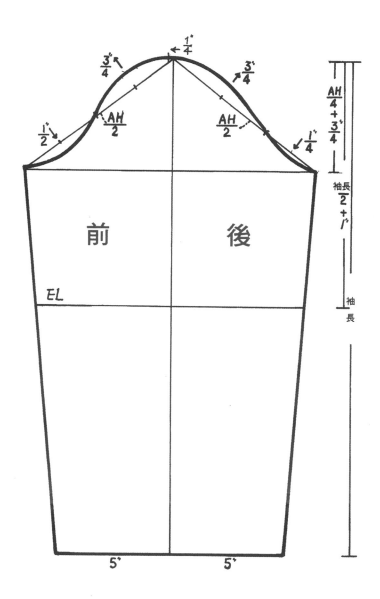

※袖山點往前移 1/4″（因手臂往前傾的關係）

圖五

第 **1** 章・上衣

時裝單元

製圖尺寸
（有加入鬆份）

B39½″　　肩 16″

袖長 9″　　袖口 12″~13″

L30″

2

圓領上衣

補充説明：

1.原型領圍畫法，請參照婦女上衣原型。

2.前、後中心布皆摺雙裁剪。

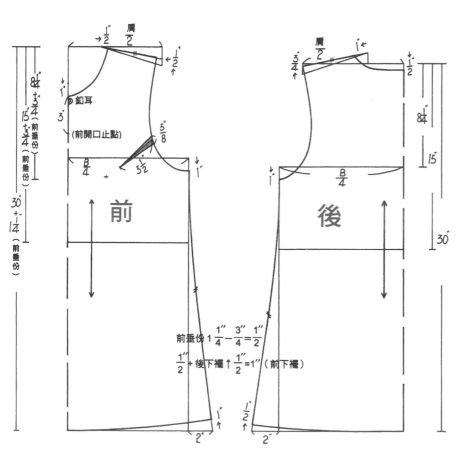

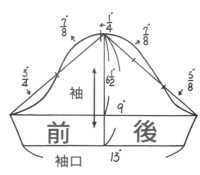

製圖尺寸
(有加入鬆份)

肩 15$\frac{1}{2}$''	B36''
W28''	L22''
H37''	袖L22''
袖口 8''	

3

伸縮針織 Ｖ 領衫

補充説明：

1.原型領圍的畫法，請參照婦女上衣原型。

2.此件為針織布料，故不需要車縫胸褶、腰褶，即可合身。

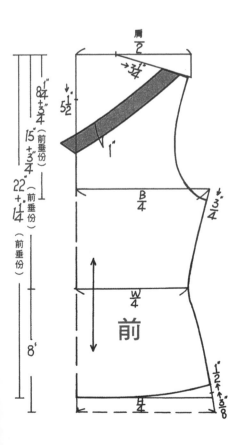

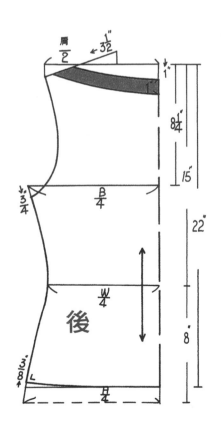

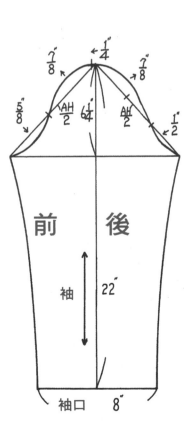

製圖尺寸

B38″	W31″
H40″	肩15″
L30″	

4

立領無袖上衣

補充說明：

1.原型領圍的畫法，請參照婦女上衣原型。

2.前中心持出份只有左前片才有。

3.脅邊胸褶紙型需合併，再裁剪布料。

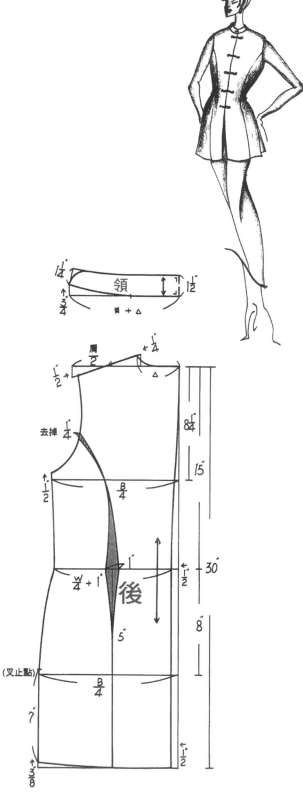

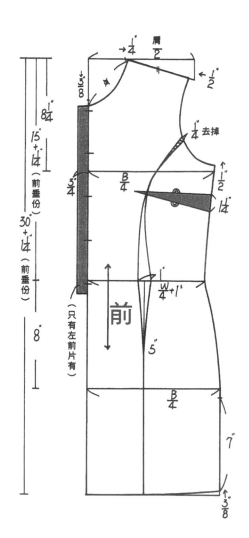

製圖尺寸

肩 15½″　　B36″

W28″　　L21″

H37″　　袖L22″

袖口 11″

旗袍領上衣

補充説明：

1.原型領圍的畫法，請參照婦女上衣原型。

2.左、右領止點是在不同的位置。

3.前右領開口及袖口有滾邊的設計。

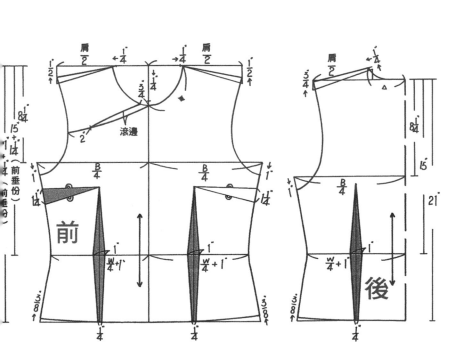

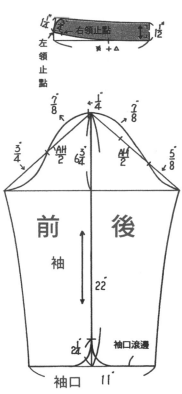

製圖尺寸

B39″   W31″
L19 ″   肩 16″
袖L22 ″   袖口 10$\frac{1}{2}$″

6

襯衫領上衣

補充說明：

1.領口側邊點的畫法，是先從原型領圍削進$\frac{1}{2}$″、再從$\frac{1}{2}$″處、往外$\frac{3}{4}$″。

2.脅邊胸褶需先合併，再裁剪布料。

3.前中心領口有飾帶的裝飾。

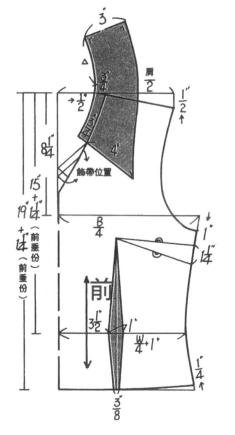

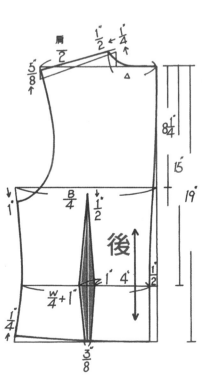

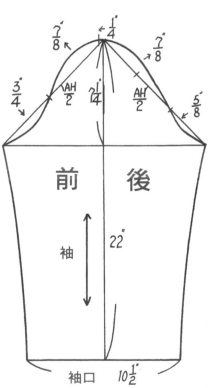

製圖尺寸

L20″	肩 16¹/₂″
B39″	W31″
袖L22″	袖口 10″

襯衫領上衣

補充說明：

1.領子側領點的畫法是先從原型領圍削進 ¹/₄″，再從 ¹/₄″ 處往外 ³/₄″，決定側領點。

2.原型領圍的畫法請參照婦女上衣原型。

3.腰處有飾帶的設計。

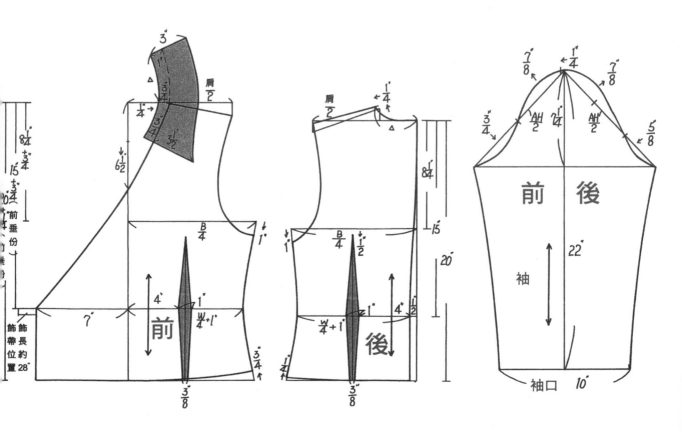

第 **2** 章・洋裝

製圖尺寸

L34″	B38″
W30″	肩16″
袖長22¹/₂″	袖口9″
H40″	

圓領洋裝

補充説明：

1. 原型領圍畫法，請參照婦女上衣原型。

2. 前領口有飾帶的裝飾。

3. 前領圍有使用亮片或珠子來裝飾。

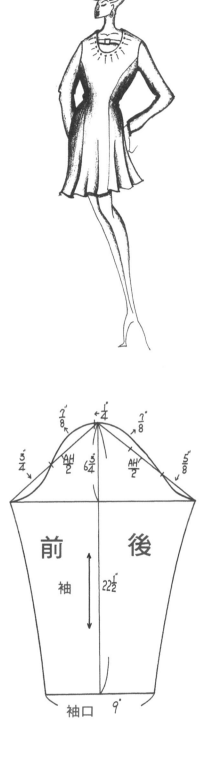

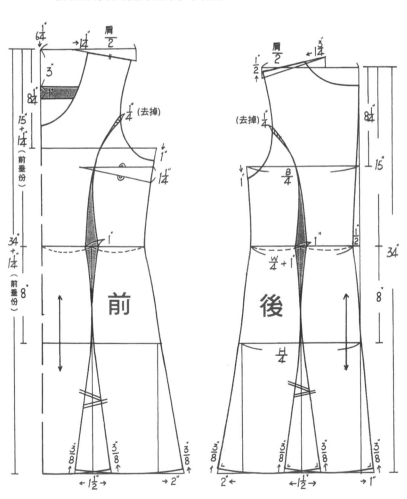

製圖尺寸

L52″　　肩 16″

B38″　　W30″

H 40″

背心式洋裝

補充説明：

1.原型領圍的畫法，請參照婦女上衣原型。

2.兩側腰有飾帶的裝飾。

3.前脅邊胸褶需先合併，再裁剪布料。

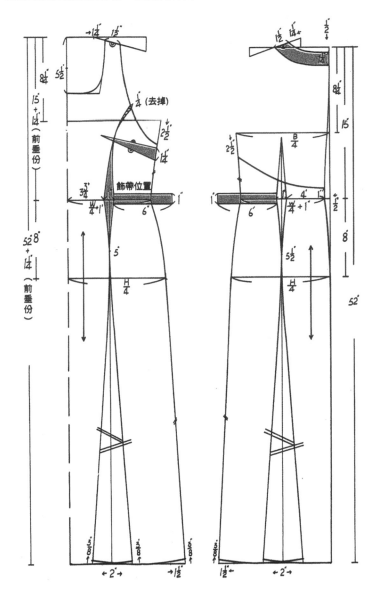

製圖尺寸

B38″	W30$\frac{1}{2}$″
H40″	L53″
肩 15″	

方領洋裝

補充說明：

1.原型領圍的畫法，請參照婦女上衣原型。

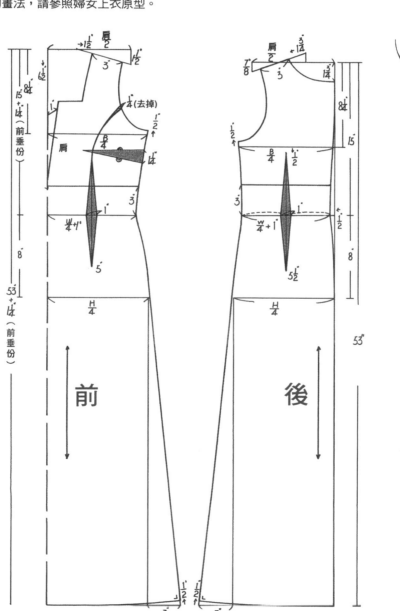

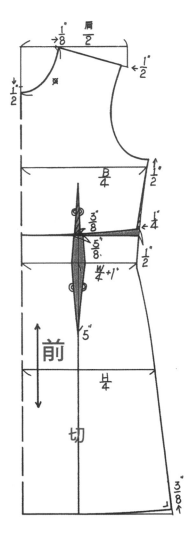

13

製圖尺寸

B38″	W30″
H40″	L34″
肩 16″	

立領洋裝

補充説明：

1. 前片胸褶 $5/_8$″ 的份量、分別從脅邊 $1/_4$″ 及 $3/_8$″ 處去掉，
   後片 $5/_8$″ 的份量、分別從脅邊 $3/_8$″ 及後中心 $1/_4$″ 處去掉。
2. 上衣原型領圍的畫法請參照婦女上衣原型。
3. 下襬處紙型需先切開再合併腰褶。

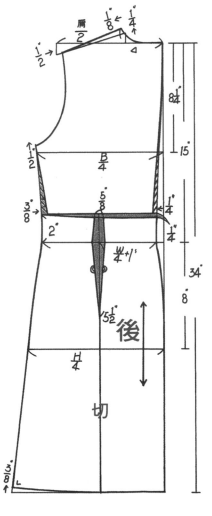

前

後

立領

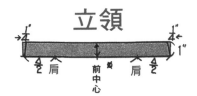

製圖尺寸

L34″	B39″
W30″	H40″
袖L23″	袖口 10¹/₂″
肩 16″	

翼領洋裝

補充説明：

1.領子側頸點的畫法是從原型領圍削進 ¹/₄″、再從 ¹/₄″ 處往外 ³/₄″。

2.脅邊胸褶需先合併，再裁剪布料。

3.前中心領口有開短拉鍊的設計。

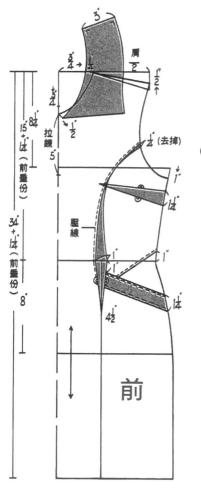

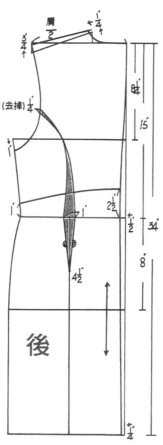

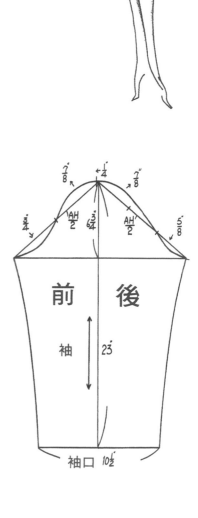

15

製圖尺寸
（有加入鬆份）

L35″ 　　 肩 16″

B38″ 　　 W30″

翼領洋裝

補充說明：

1. 前後原型領圍的畫法請參照婦女上衣原型。

2. 脅邊飾帶前後片紙型需先合併。

3. 領子側領點的畫法是先從原型領圍挖大$\frac{1}{2}$″再從$\frac{1}{2}$″往外$\frac{3}{4}$″。

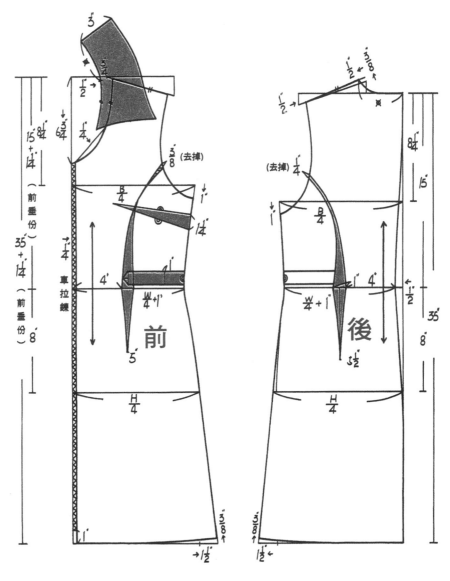

製圖尺寸

肩 16 ″	B38 ″
W28 ″	H38 ″
L53 ″	袖 23 ″
袖口 8 ″	

16

拉克蘭袖洋裝

補充說明：

1. 原型領圍及肩線的畫法，請參照婦女上衣原型。
2. 前腰處有飾帶的裝飾。

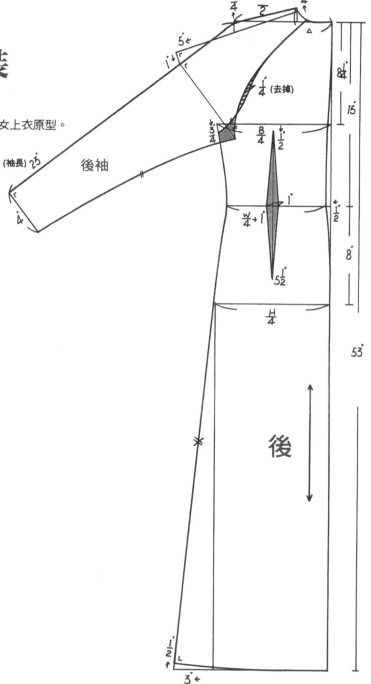

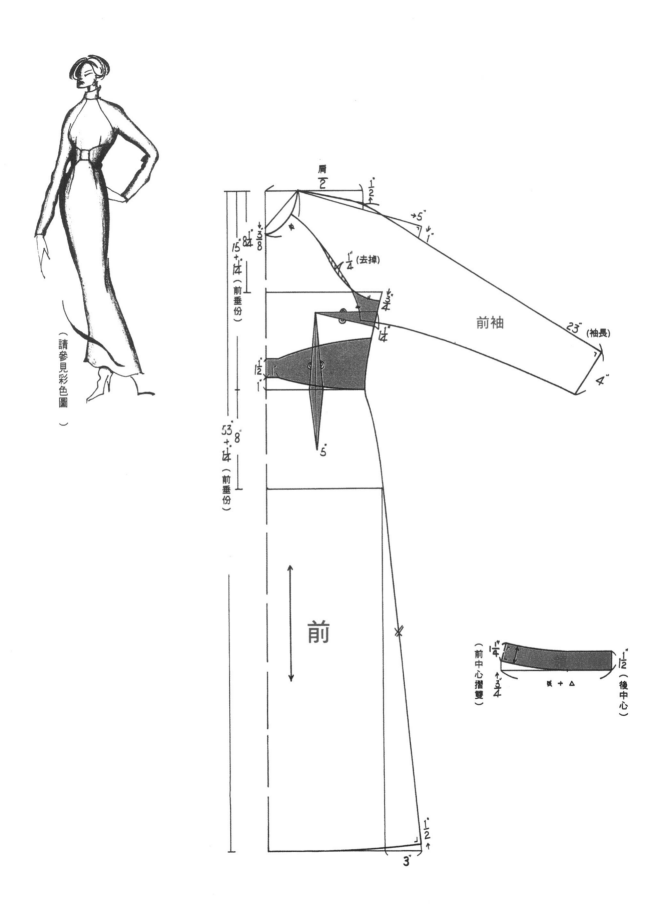

（請參見彩色圖）

肩
2

1"
2

+5"

3"
8

1"
4 (去掉)

前袖

23" (袖長)

4"

15+体 (前垂份)

1"
2
1"

5"

53+体 (前垂份)

前

1"
4
3"
4
（前中心摺雙）

叺 + △

1"
2
（後中心）

1"
2
3"

第

3

章

·

外套

製圖尺寸
B38″　　　肩 16$\frac{1}{2}$″
L32″　　　袖L23″
袖口 11″

20

襯衫領外套

補充說明：

1. 原型領圍的畫法，請參照婦女上衣原型。
2. 前片有貼式口袋的設計。
3. 脅邊胸褶紙型需先合併，再裁剪布料。

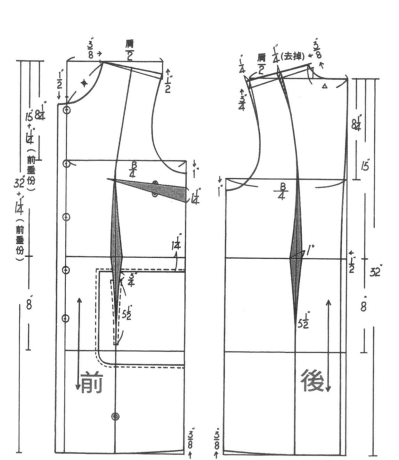

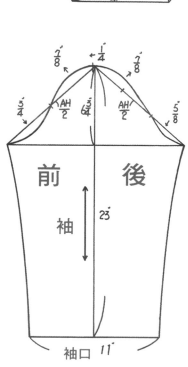

製圖尺寸

肩 16″	B39$\frac{1}{2}$″
W31$\frac{1}{2}$″	H40″
L52″	袖 L22″
袖口 10$\frac{1}{4}$″	

翼領外套

補充說明：

1.側領點的畫法，是先從原型領圍削進$\frac{1}{4}$″再從$\frac{1}{4}$″處往外$\frac{3}{4}$″，決定側領點。

2.脅邊胸褶紙型需先合併，再裁剪布料。

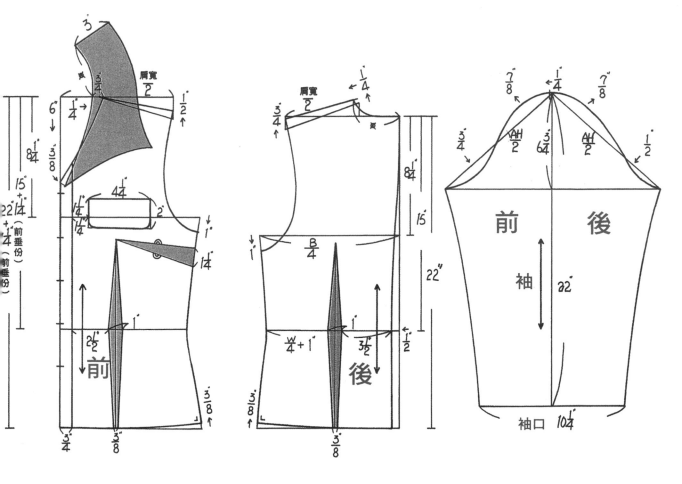

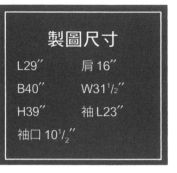

製圖尺寸

L29″	肩 16″
B40″	W31½″
H39″	袖L23″
袖口 10½″	

變化領外套

補充說明：

1.側領點的畫法，是先從原型領圍削進 ¼″ 再從 ¼″ 處往外 ¾″，即可。

2.脅邊胸褶紙型需先合併，再裁剪布料。

3.前、後片在上身有剪接片的設計。

4.前中心為拉鍊的設計。

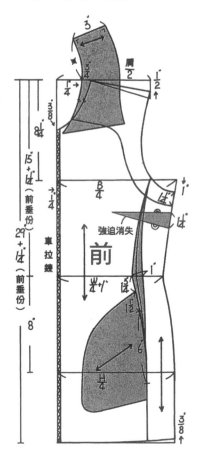

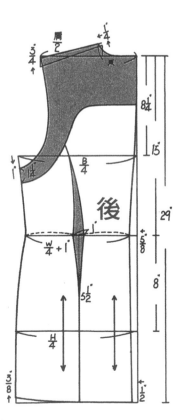

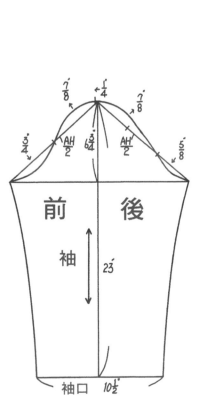

製圖尺寸

L32″   B40″

W31$\frac{1}{2}$″   H40″

肩16$\frac{1}{2}$″   袖L23″

袖口 11″

變化領外套

補充說明：

1. 側領點的畫法，是先從原型領圍削進 $\frac{1}{2}$″ 再從 $\frac{1}{2}$″ 處往外 1″，決定側領點。

2. 脅邊胸褶紙型需先合併，再裁剪布料。

3. 領子外緣有剪接的設計。

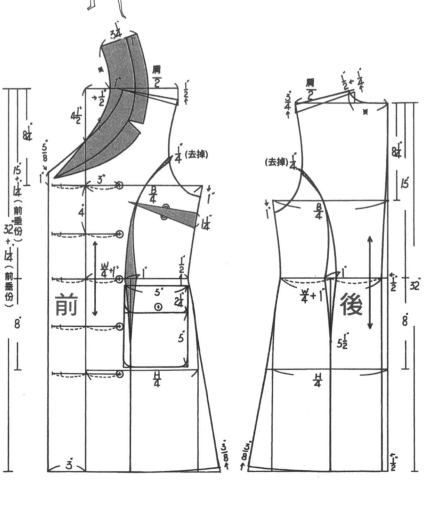

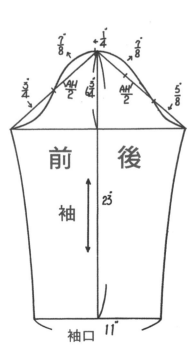

製圖尺寸

B42″	W33″
L31″	H41″
肩 16½	袖L23″
袖口 11″	

24

西裝領外套

補充說明：

1.西裝領的畫法請參照另一本基礎版女裝打版書。

2.脅邊胸褶紙型需先合併，再裁剪布料。

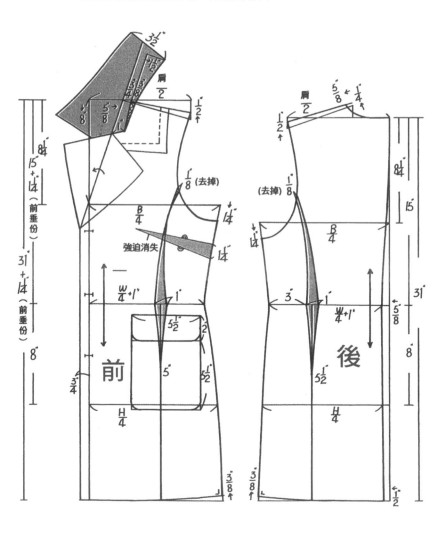

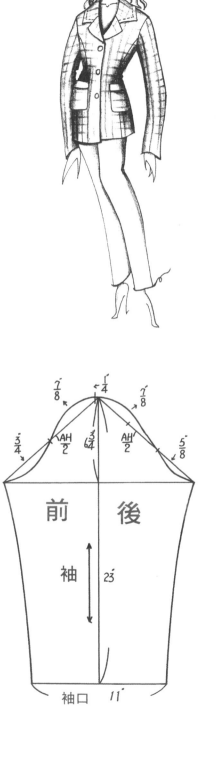

25

製圖尺寸

L29″	B39¹/₂″
W31¹/₂″	H39″
肩 16¹/₂″	袖L23″
袖口 11″	

西裝領外套

補充說明：

1.側領點的畫法，是先從原型領圍削進 $1/4''$ 再從 $1/4''$ 處往外 $3/4''$，即可。

2.前後脅邊胸褶紙型需先合併，再裁剪布料。

3.此件為雙排釦的設計。

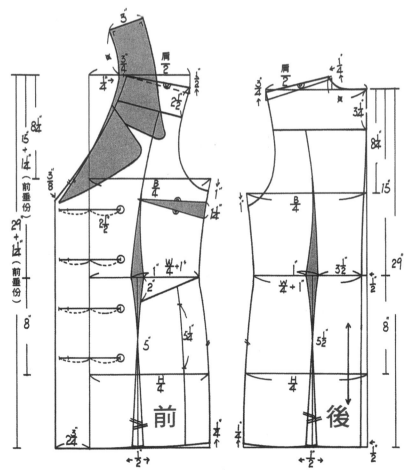

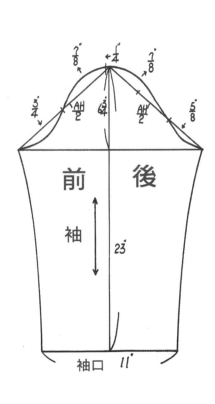

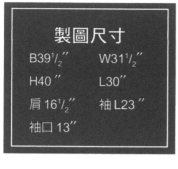

製圖尺寸

B39$\frac{1}{2}$″ 　 W31$\frac{1}{2}$″

H40″ 　 L30″

肩 16$\frac{1}{2}$″ 　 袖L23″

袖口 13″

西裝領外套

補充說明：

1.領子的型式，可在衣身上畫出喜愛的領型，再轉印完成打版的領樣。

2.西裝領的畫法，請參照另一本基礎版的女裝打版書。

3.脅邊的胸褶紙型需先合併再裁剪布料。

（請參見彩色圖）

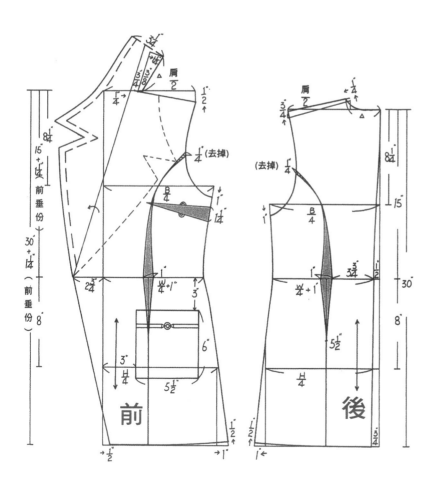

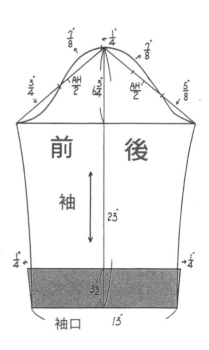

製圖尺寸

L25″	B39$\frac{1}{2}$″
W31$\frac{1}{2}$″	H39″
肩 16$\frac{1}{2}$″	袖L23″
袖口 10$\frac{1}{4}$′	

27

劍領外套

補充說明:

1.西裝領的畫法,請參照另一本基礎版女裝的西裝領部份。

2.前後肩線處及脅邊胸褶紙型需先合併,再裁剪布料。

3.前公主線下襬處有開叉的設計。

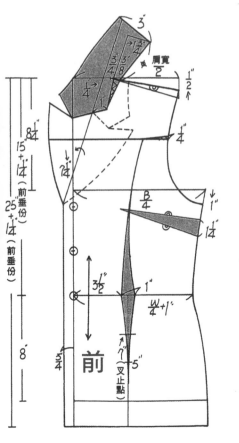

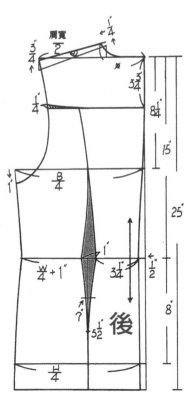

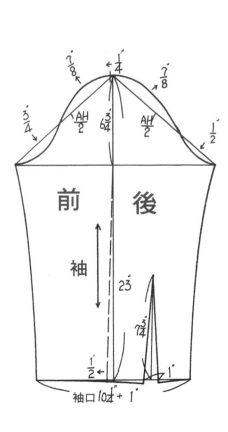

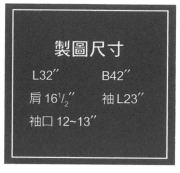

製圖尺寸

L32″   B42″

肩 16½″   袖L23″

袖口 12~13″

襯衫領大衣

補充説明：

1.側領點的畫法，是先從原型領圍削進½″再從½″處往外¾″即可。

2.脅邊胸褶紙型需先合併，再裁剪布料。

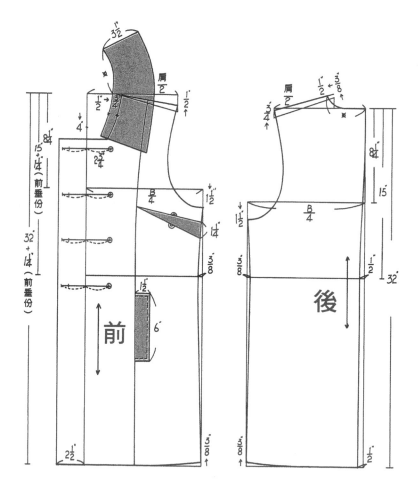

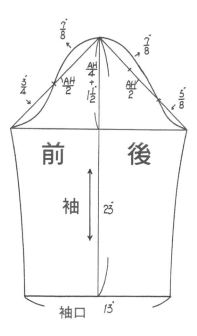

製圖尺寸

L34″	B39$\frac{1}{2}$″
肩 16″	W31$\frac{1}{2}$″
H40″	袖 L23″
袖口 12″	

襯衫領雙排釦大衣

補充說明：

1.側領點的畫法，是先從原型領圍削進 $\frac{1}{2}$″ 再從 $\frac{1}{2}$″ 處往外 $\frac{3}{4}$″，決定側領點。

2.脅邊胸褶紙型需先合併，再裁剪布料。

3.腰處有剪接腰帶的設計。

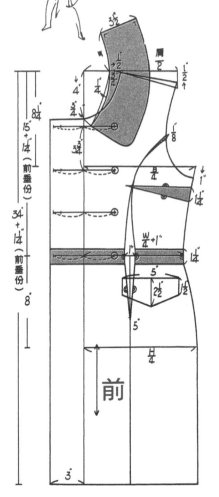

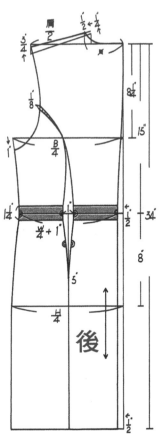

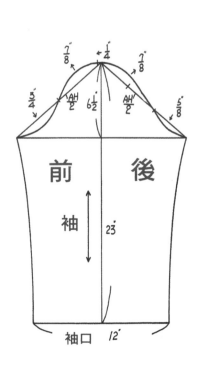

製圖尺寸

B42″	L37″
肩 16½″	袖L23″
袖口 13″	

32

披肩領大衣

補充說明：

1.側領點的畫法，是先從原型領圍削進¼″ 再從¼″ 處，往外¾″ 即可。

2.領子是採用皮草的質料設計。

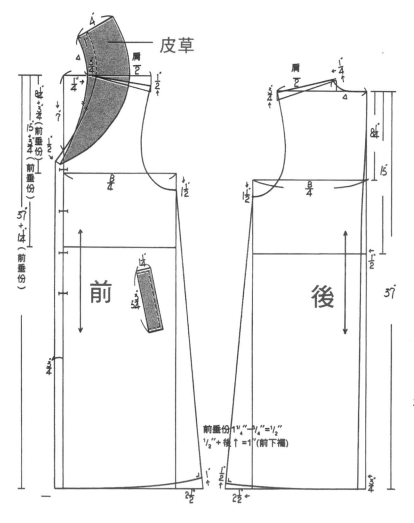

皮草

前

後

前垂份 1¼″－¼″=½″

½″＋後↑ =1″(前下襬)

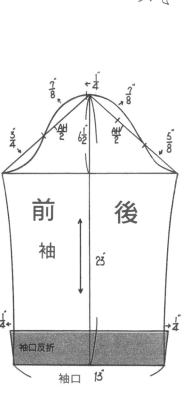

前 袖 後

袖口反折

袖口 13″

33

製圖尺寸

肩 $16\frac{1}{2}''$	B41''
H42''	L34''
袖 L23''	袖口 11''

毛衣領大衣

補充説明：

1.原型領圍的畫法，請參照婦女上衣原型。

2.紙型袖襴褶需先合併再轉移至脅邊摺。

3.領子表領需比裏領大 $\frac{1}{8}''$，可使表裏領接縫線不致在表面露出。

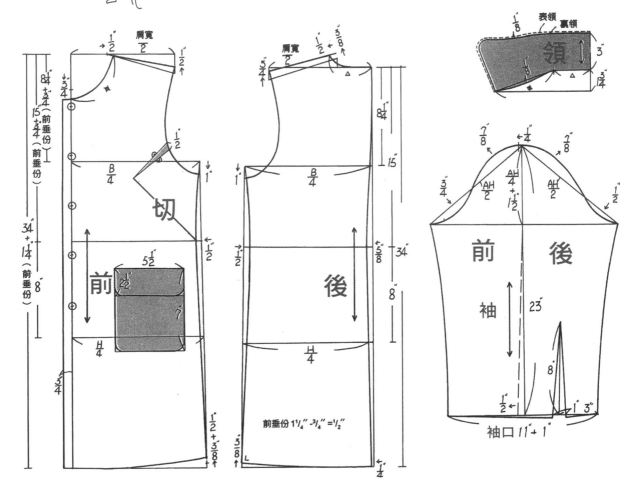

製圖尺寸

肩 16$\frac{1}{2}$" B42"

L33" 袖L23"

袖口 11"

34

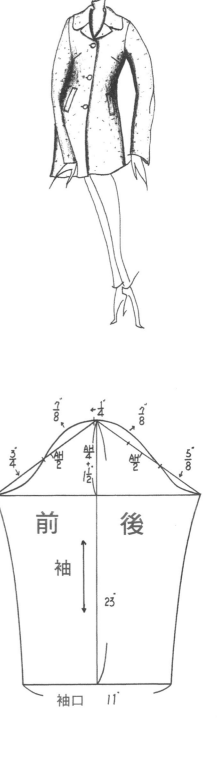

西裝變化領大衣

補充說明：

1.側領點的畫法，是先從原型領圍削進$\frac{1}{2}$"再從$\frac{1}{2}$"處往外$\frac{3}{4}$"。

2.脅邊胸褶需車縫。

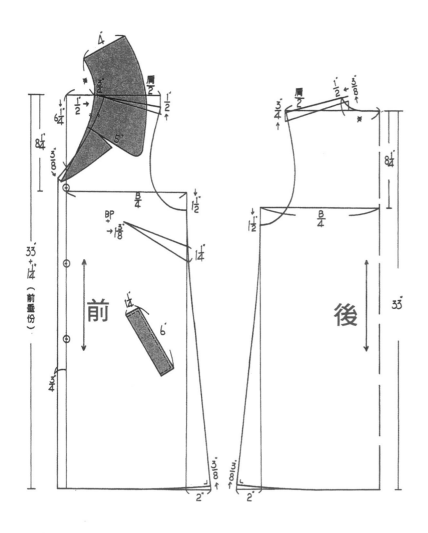

製圖尺寸

肩 16″	B39$\frac{1}{2}$″
W31″	H39~40″
L35″	袖L22$\frac{1}{2}$″
袖口 10$\frac{1}{2}$″	

35

西裝領大衣

補充說明：

1.西裝領的畫法，請參見另一本基礎版女裝的領子部份。

2.脅邊胸褶紙型需先合併，再裁剪布料。

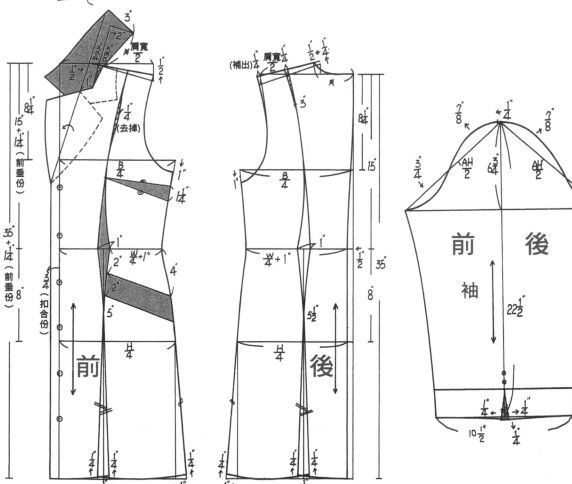

製圖尺寸

L34″	肩 16$\frac{1}{2}$″
B40″	W31″
H41″	袖 L23″
袖口 12″	

西裝領大衣

補充說明：

1.西裝領的畫法，請參照另一本基礎版的女裝打版書。

2.脅邊的胸褶紙型需先合併再裁剪布料。

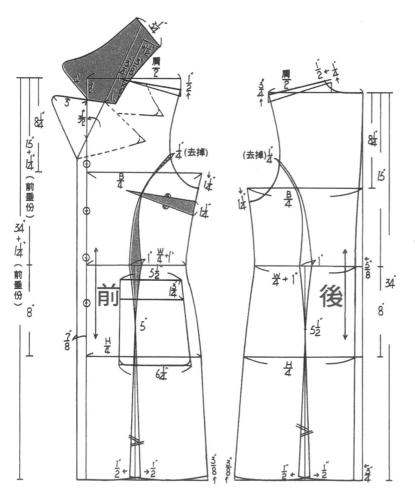

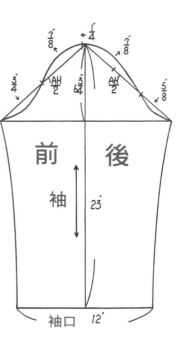

37

製圖尺寸

肩 16½″　　B42½″

L36″　　　W32″

H41″　　　袖L23″

袖口 13″

西裝領雙排釦大衣

補充說明：

1. 西裝領的畫法，請參見另一本基礎版的女裝打版書。

2. 脅邊的胸褶紙型需先合併再裁剪布料。

3. 前腰處及袖口有飾帶的裝飾。

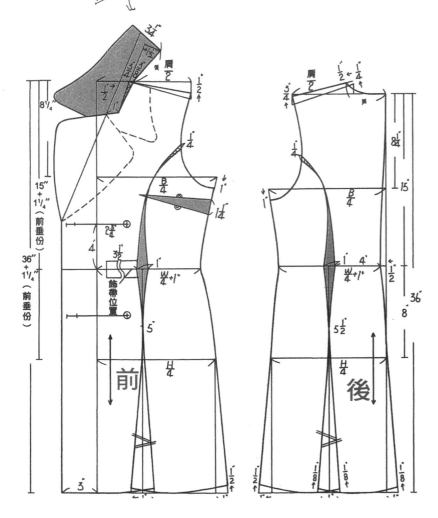

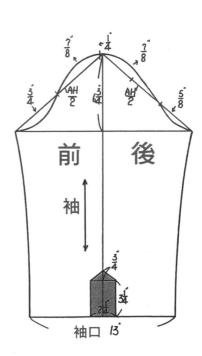

製圖尺寸

L34″　　B40″

W31″　　H41″

袖L23″　　袖口 12″

西裝領雙排釦大衣

補充說明：

1.西裝領的畫法，請參照另一本基礎版的女裝打版書。

2.脅邊的胸褶紙型需先合併，再裁剪布料。

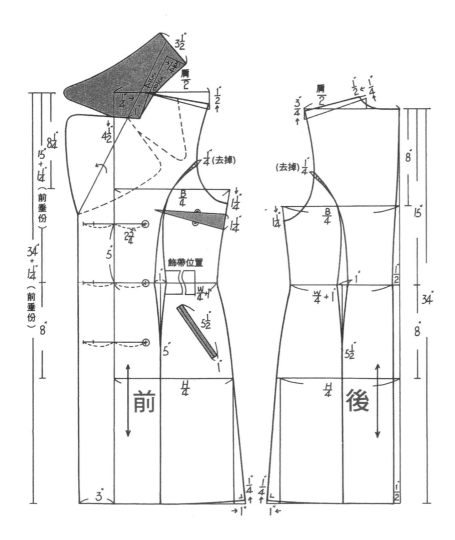

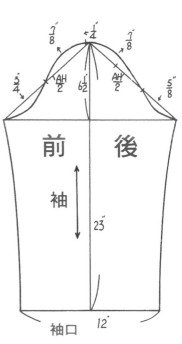

39

製圖尺寸

B42″　　　W34″

H41″　　　L48″~49″

肩 16¹/₂″　　袖長 L23″

袖口 13″

西裝領雙排釦長大衣

補充説明：

1.西裝領的畫法，請參見另一本基礎版的女裝打版書。

2.後中心下襬有開叉的設計。

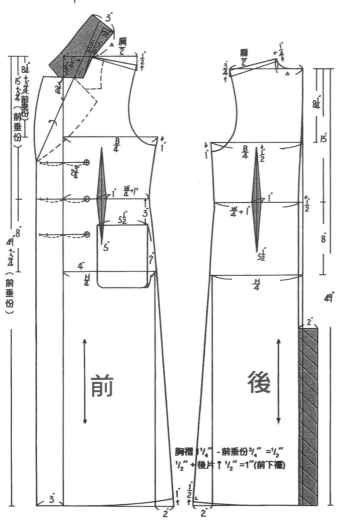

胸褶 1¼″ - 前垂份 ¾″ = ½″
½″ + 後片 ↑ ½″ = 1″(前下襬)

前

後

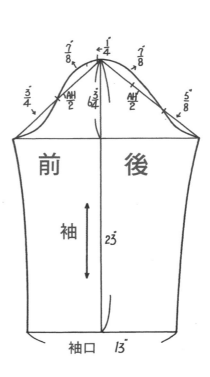

前　　後

袖　　23″

袖口　13″

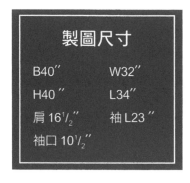

製圖尺寸

B40″　　W32″
H40″　　L34″
肩 16$\frac{1}{2}$″　　袖L23″
袖口 10$\frac{1}{2}$″

劍領大衣

補充説明：

1. 西裝領的畫法，請參照另一本基礎版女裝西裝領部份。
2. 前、後片脅邊腰圍處有飾帶的裝飾。
3. 脅邊的胸褶紙型需先合併，再裁剪布料。

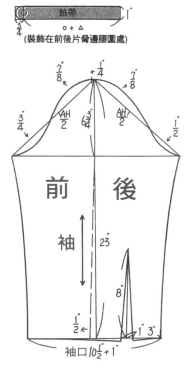

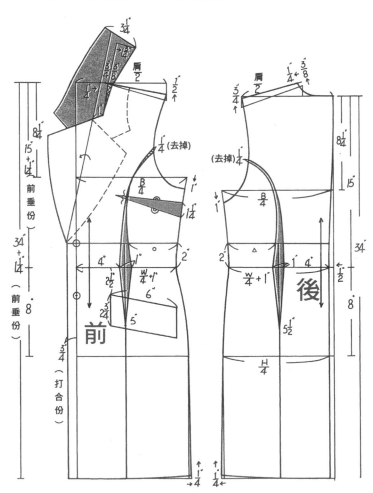

製圖尺寸

肩 16″	B40″
W32″	H41″
L33″	袖L23″
袖口 10½″	

劍領雙排釦大衣

補充説明：

1.領子的畫法，請參見另一本基礎版的女裝打版書。

2.旁邊的胸褶紙型需先合併，再裁剪布料。

3.腰處有剪接腰帶的裝飾。

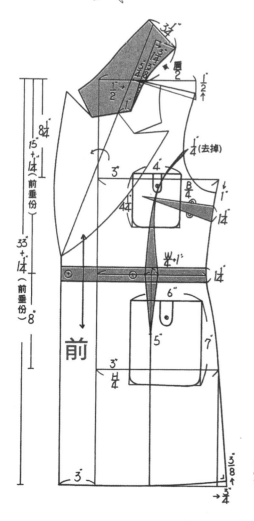

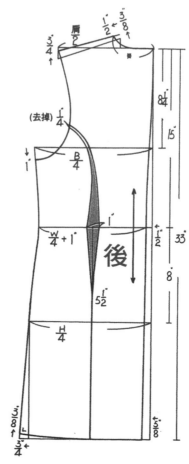

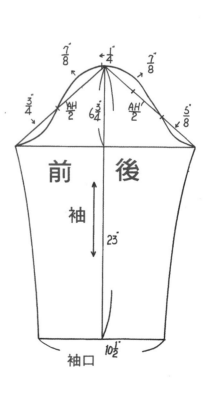

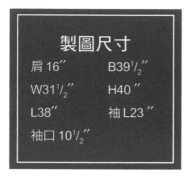

製圖尺寸

肩 16″　　　B39$\frac{1}{2}$″

W31$\frac{1}{2}$″　　H40″

L38″　　　袖L23″

袖口 10$\frac{1}{2}$″

劍領雙排釦大衣

補充說明：

1.西裝領的畫法，請參照另一本基礎版女裝西裝領部份。

2.腰處有腰帶的裝飾。

3.脅邊的胸褶紙型需先合併，再裁剪布料。

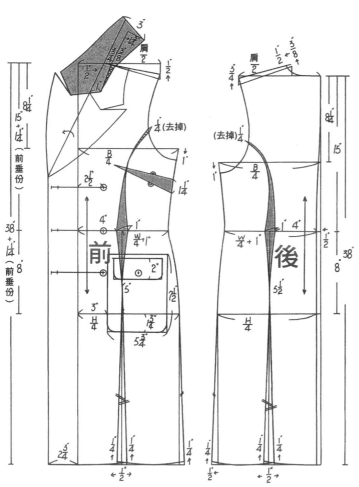

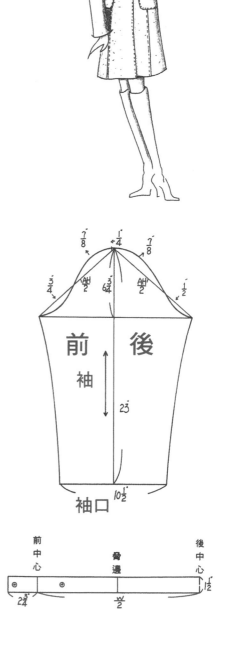

製圖尺寸

肩 16½"	B42"
L36"	W32"
H41"	袖 L23"
袖口 13"	

43

拿破崙領大衣

補充說明：

1.側領點的畫法，是先從原型領圍削進 ½" 再從 ½" 處往外 ¾" 即可。

2.腰下褶子及脅邊胸褶紙型需先合併，再裁剪布料，腰下褶子合併時，下襬紙型需切開。

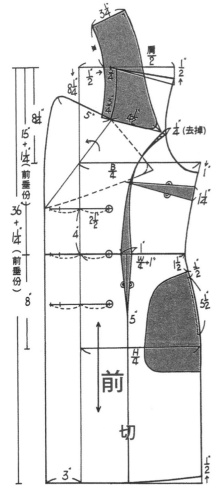

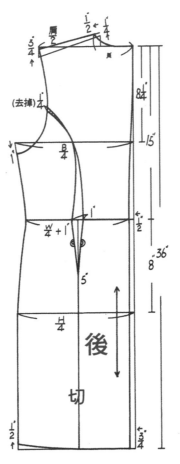

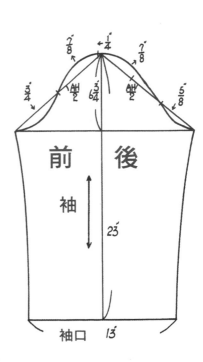

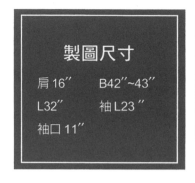

製圖尺寸

肩 16″　　B42″~43″

L32″　　袖L23 ″

袖口 11″

44

拉克蘭袖大衣

補充説明：

1.原型領圍的畫法，請參照婦女上衣原型。

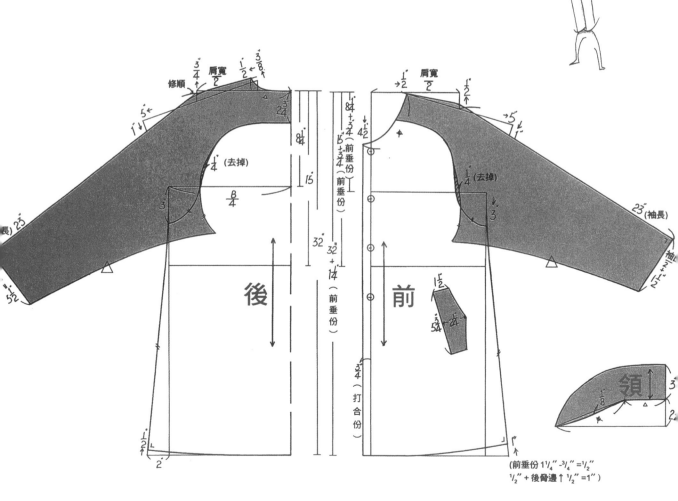

製圖尺寸
(背心)

L16″　　B38″

W30″　　肩16″

46

針織衫＋背心＋疊合短裙

補充説明：

1.前後原型請參見婦女原型。

2.背心前中心的釦環除了可裝飾，亦可扣合用。

3.裙子前片有疊合的設計。

背心

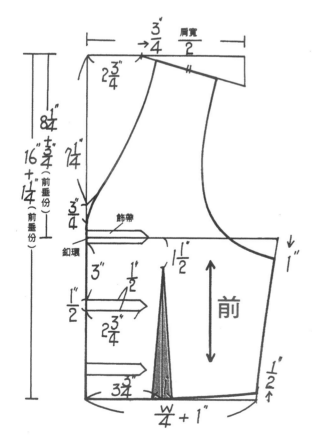

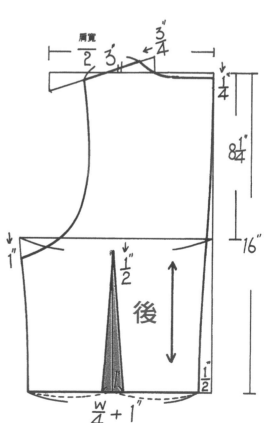

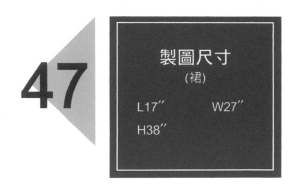

製圖尺寸
(裙)

L17″   W27″
H38″

補充說明：

4.裙子前片有飾帶的裝飾。

疊合短裙

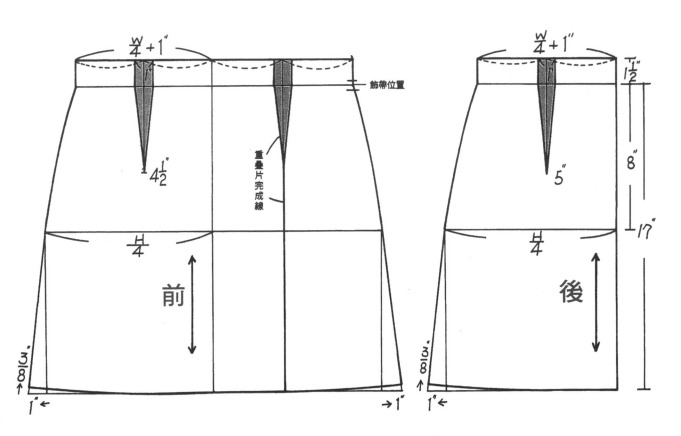

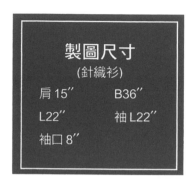

製圖尺寸
(針織衫)

肩 15″　　　B36″

L22″　　　袖 L22″

袖口 8″

補充説明：

5. 針織衫的布料有彈性，前、後中心皆折雙裁剪不需留領子開口。

6. 針織衫下襬線的畫法，可先將臀圍線寬度 $\frac{H}{4}$ 決定後，
　 畫順 WL 至 HL 的脅邊線，再畫出下襬的線。

針織衫

注意：袖子的 AH 不需多留鬆份，AH 與衣身的 AH 尺寸需相等

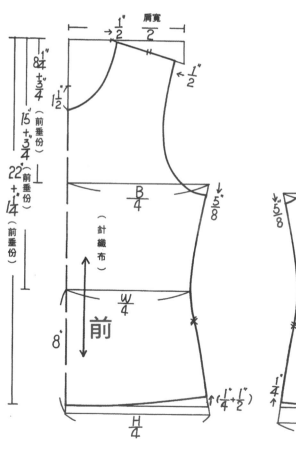

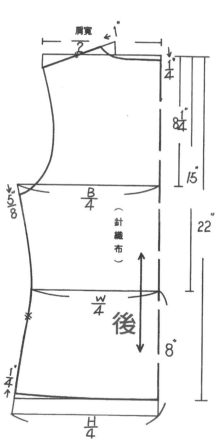

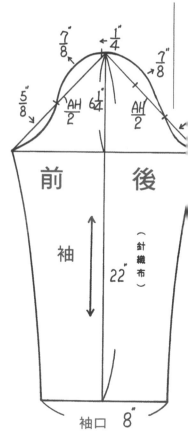

製圖尺寸
(上衣)

B38″   W29″
H38″   L17″

49

變化上衣＋前開叉短裙

補充說明：

1.左、右肩帶有不同的設計 。

2.前片脅邊胸褶紙型需先合併，再裁剪布料。

3.裙子前片有開叉及夾蕾絲的設計。

變化上衣

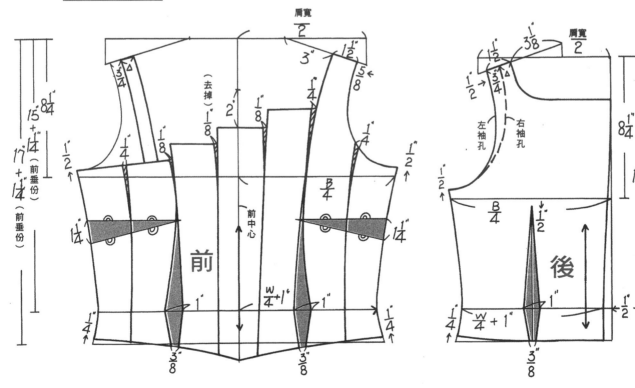

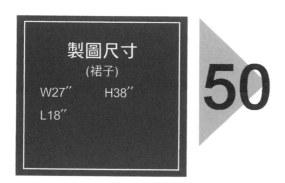

製圖尺寸
(裙子)
W27″   H38″
L18″

50

前開叉短裙

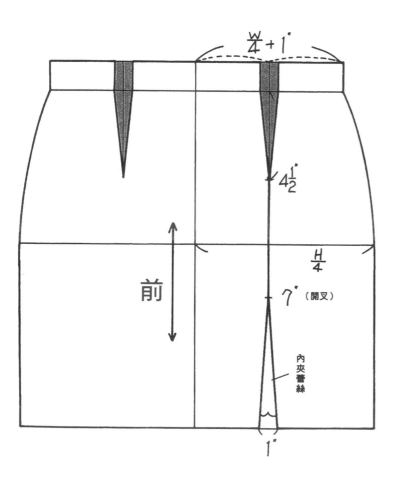

$\frac{W}{4}+1″$

$4\frac{1}{2}″$

$\frac{H}{4}$

前

7″（開叉）

內夾蕾絲

1″

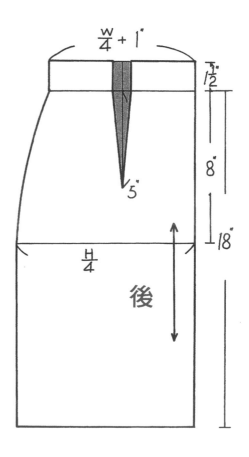

$\frac{W}{4}+1″$

$1\frac{1}{2}″$

8″

18″

5″

$\frac{H}{4}$

後

51

U型領上衣 + 對合褶短裙

補充說明：

1. 原型領的畫法，請參見婦女上衣原型。

2. 後中心腰處削進 $\frac{1}{2}$″ 可使後片更貼身。

3. 上衣下襬的畫法，是先將臀圍線寬度決定後，畫順 WL 至 HL 的脅邊線再畫出下襬的線條。

4. 前片領口飾帶的寬度必須與後片等寬。

5. 裙子有對合褶的設計。

U型領上衣

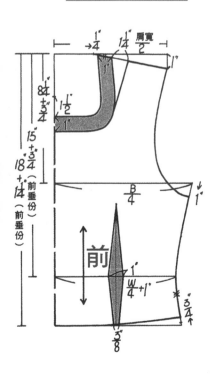

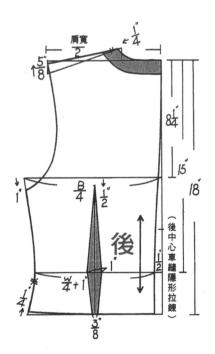

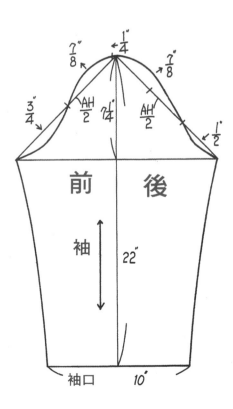

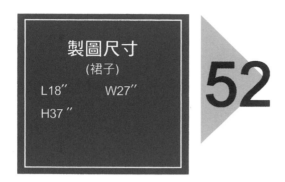

製圖尺寸
(裙子)
L18″   W27″
H37″

52

對合褶短裙

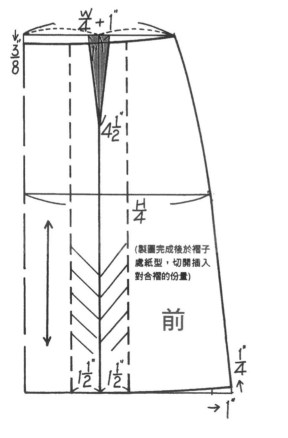

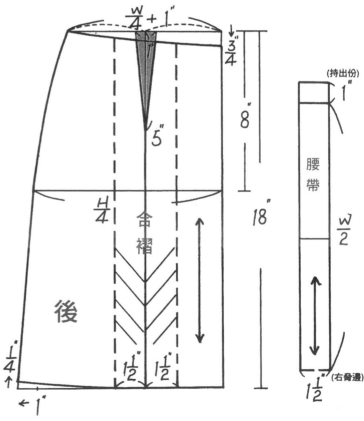

製圖尺寸
（上衣）

肩 16″	B39″
L22″	W31″
H38″	袖 L17″
袖口 10″	

立領上衣＋高腰短窄裙

補充説明：

1.原型領圍的畫法，請參照婦女上衣原型。

2.衣身前片公主線下有開叉的設計。

3.裙子脅邊有開叉的設計。

立領上衣

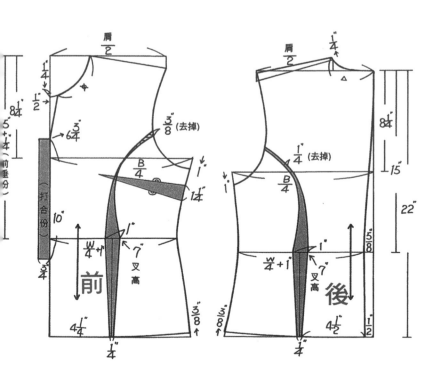

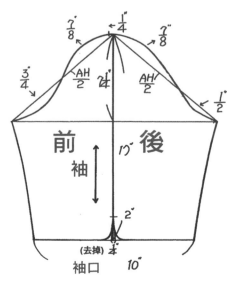

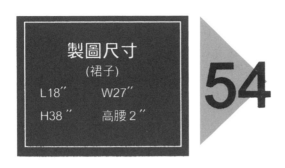

製圖尺寸
(裙子)
L18″   W27″
H38″   高腰2″

54

高腰短窄裙

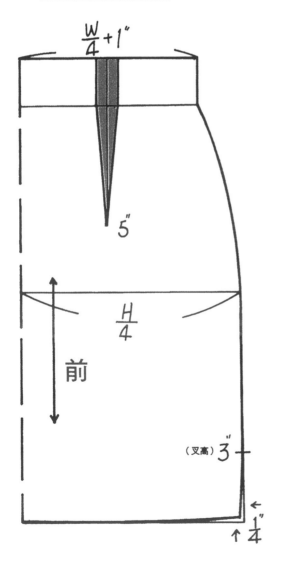

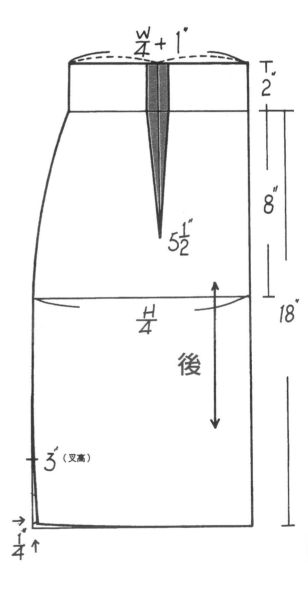

（請參見彩色圖）

55

製圖尺寸
(外套)

B39$\frac{1}{2}$″　　W31$\frac{1}{2}$″

L20″　　肩16″

袖長L23″　袖口10$\frac{1}{2}$″

襯衫領外套＋短直裙

補充説明：

1.原型領圍的畫法，請參照婦女上衣原型。

2.前片胸寬及腰圍切開用特種車車縫。

3.裙子為低腰的設計。

襯衫領外套

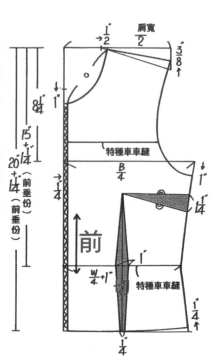

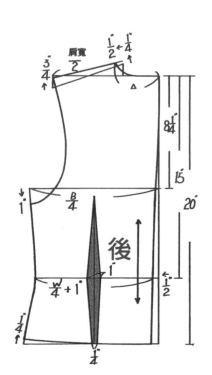

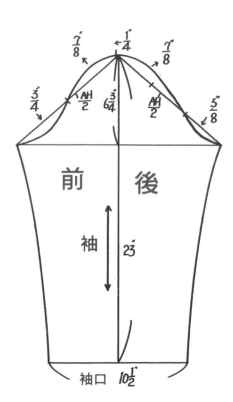

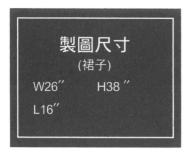

製圖尺寸
(裙子)
W26″　　H38″
L16″

※表裏比裏多 1/8″~1/4″

裏領　　表領

$\frac{1}{8}$″ ～ $\frac{1}{4}$″

領子　　3″

$\frac{1}{8}$″　△　$1\frac{1}{2}$″

短直裙

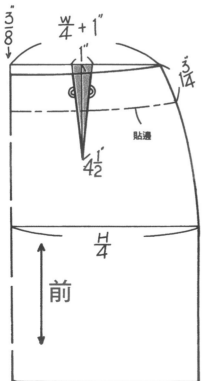

$\frac{3}{8}$″　$\frac{W}{4}+1$″　　$\frac{3}{4}$″

1″

$3\frac{1}{4}$″

貼邊

$4\frac{1}{2}$″

$\frac{H}{4}$

前

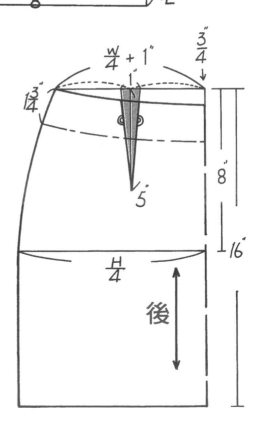

$\frac{W}{4}+1$″　$\frac{3}{4}$″

1″

$1\frac{3}{4}$″

5″

8″

16″

$\frac{H}{4}$

後

※表布褶子紙型不合併但貼邊
布褶子需先合併再裁剪布料

（請參見彩色圖）

製圖尺寸
(外套)

肩 16″　　　B39″
W30″　　　L15″
袖L23″　　　袖口 10¹/₂″

翼領外套＋前開叉短裙

補充説明：

1.脅邊的胸褶需先合併，再裁剪布料。
2.裙子腰帶有釦環的設計。
3.裙子前片有釦子及開叉的設計。
4.領子的畫法，請參照另一本女裝基礎版的畫法。

翼領外套

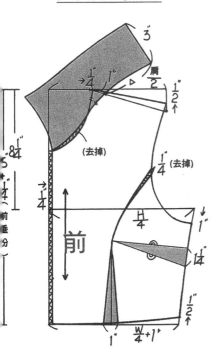

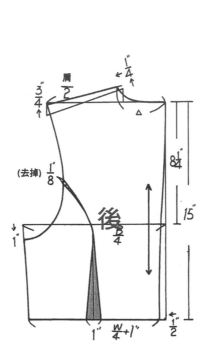

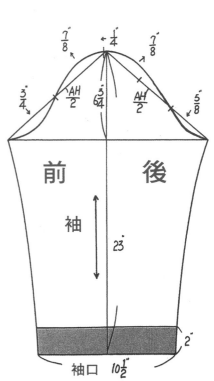

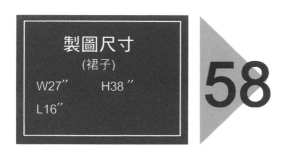

製圖尺寸
(裙子)
W27″　　H38″
L16″

58

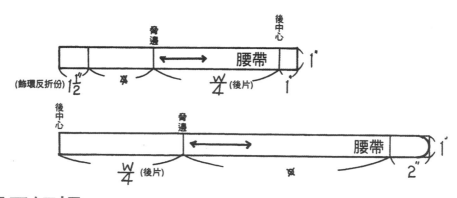

後中心

腰帶

臀邊

1″

(飾環反折份) 1½″　　✕　　W/4 (後片)　　1″

後中心

臀邊

腰帶

1″

W/4 (後片)　　✕　　2″

前開叉短裙

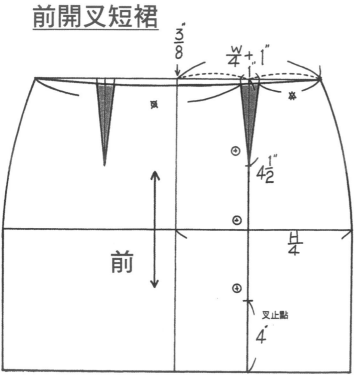

3/8″

W/4 + 1″　1″

✕

前

H/4

⊕

⊕

⊕

4½″

叉止點

4″

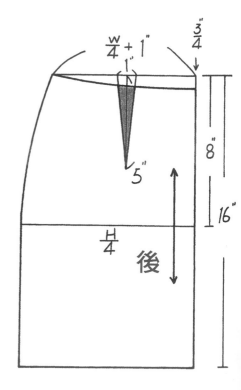

W/4 + 1″　1″

3/4″

8″

16″

5″

H/4

後

（請參見彩色圖　）

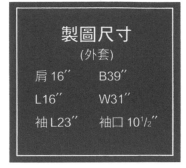

製圖尺寸
(外套)
肩 16″　　B39″
L16″　　W31″
袖L23″　　袖口 10¹/₂″

翼領外套＋變化短裙

補充說明：

1.領子的畫法，請參照另一本女裝基礎版的西裝領畫法。

2.前片公主及袖口線處有皮料配布設計。

3.裙子脅邊處有皮繩的裝飾。

翼領外套

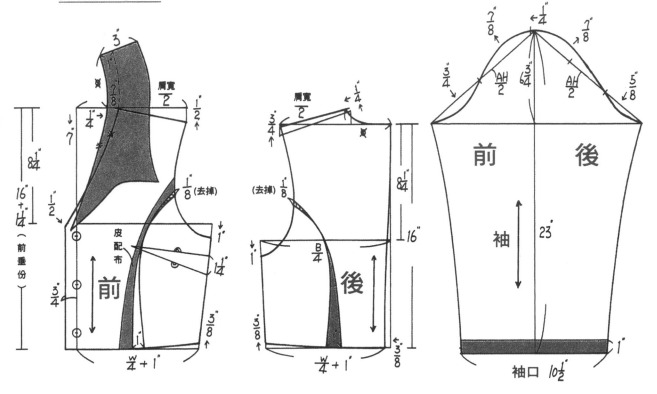

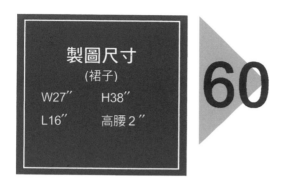

製圖尺寸
(裙子)
W27″ H38″
L16″ 高腰2″

60

變化短裙

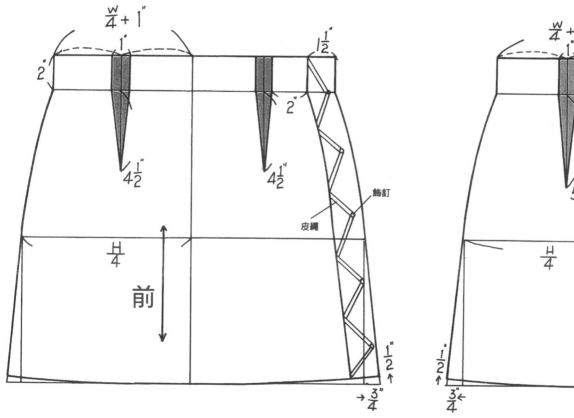

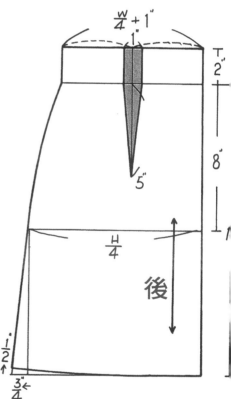

$\frac{W}{4}+1″$ 1″ 2″

$4\frac{1}{2}″$

$\frac{H}{4}$

前

$1\frac{1}{2}″$ 2″

$4\frac{1}{2}″$

飾釘

皮繩

$\frac{1}{2}″$

$\rightarrow \frac{3}{4}″$

$\frac{W}{4}+1″$ 1″

2″

$5″$

8″

$\frac{H}{4}$

後

$\frac{1}{2}″$

$\frac{3}{4}″\leftarrow$

61

製圖尺寸
（外套）

肩 16″　　　B39¹/₂″

L21″　　　　W31¹/₂″

袖長 23″　　袖口 10¹/₂″

西裝領外套 ＋ 高腰短裙

補充説明：

1.領子的畫法請參照另一本女裝基礎版的西裝領部份。

2.脅邊的胸褶紙型需先合併，再裁剪布料。

3.袖襱處扣掉 ¹/₈″ 可使衣身更合身。

4.上衣下襱的畫法是，先將臀圍線寬度 $\frac{H}{4}$ 決定後，畫順 WL 至 HL 的脅邊線，再取出下襱的線條。

西裝領外套

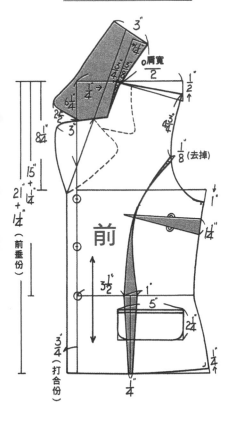

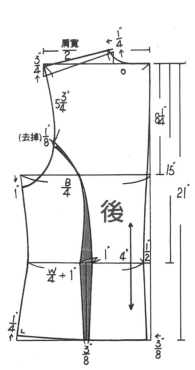

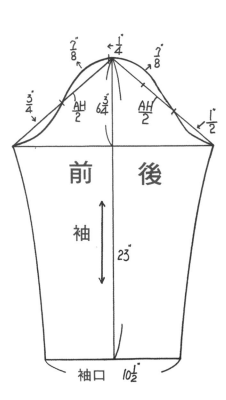

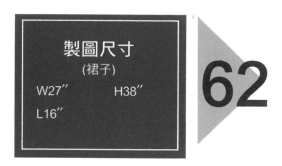

高腰短裙

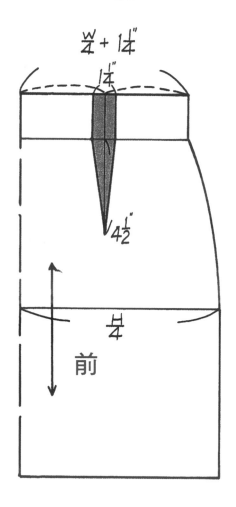

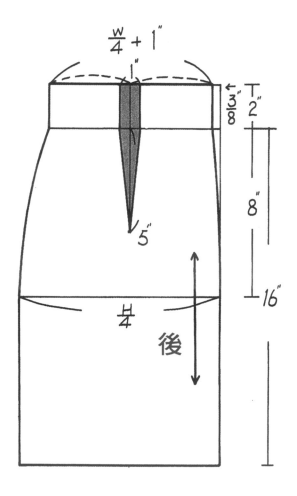

（請參見彩色圖）

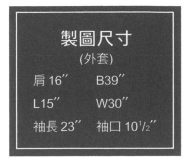

製圖尺寸
(外套)

肩 16″　　B39″

L15″　　W30″

袖長 23″　袖口 10¹/₂″

西裝領外套＋變化短裙

補充說明：

1.領子的畫法請參照另一本女裝基礎版的西裝領畫法。

2.脅邊的胸褶紙型需先合併，再裁剪布料。

3.前片有穿繩的設計。

4.裙子下襬有剪接片及開叉的設計。

西裝領外套

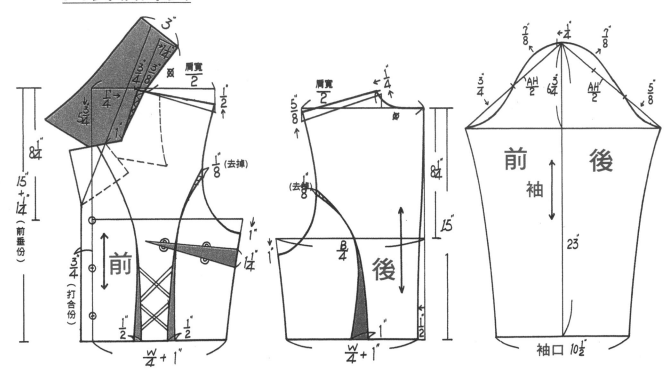

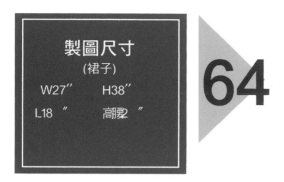

製圖尺寸
(裙子)
W27″　　H38″
L18 ″　　高腰2 ″

64

變化短裙

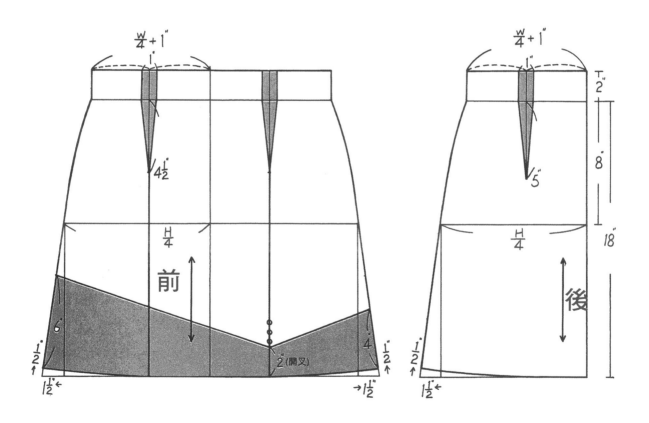

西裝領外套＋A字短裙

補充説明：

1. 領子的畫法是:原型領圍側頸點挖大 ½″ 再從 ½″ 處往外 ¾″，畫出後領圍(△)的尺寸。

2. 脅邊的胸褶紙型需先合併，再裁剪布料。

3. 上衣下襬的畫法，是將臀圍線畫出，決定寬度 H/4 畫順 WL 至 HL 的脅邊線，
　 再取出下襬的線條。

4. 袖口有反褶的線條。

西裝領外套

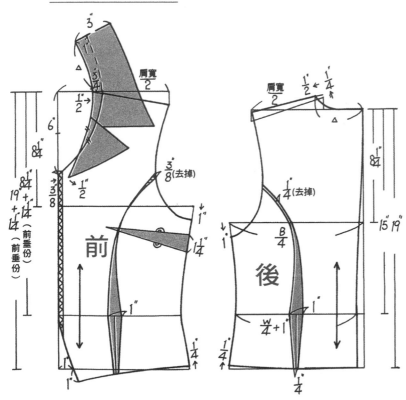

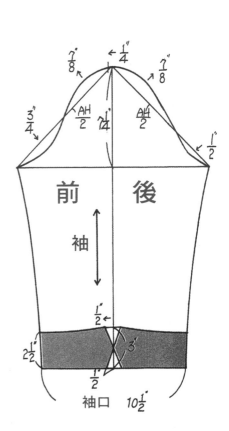

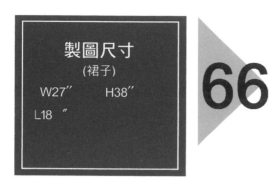

製圖尺寸
(裙子)
W27″　　H38″
L18″

66

A字短裙

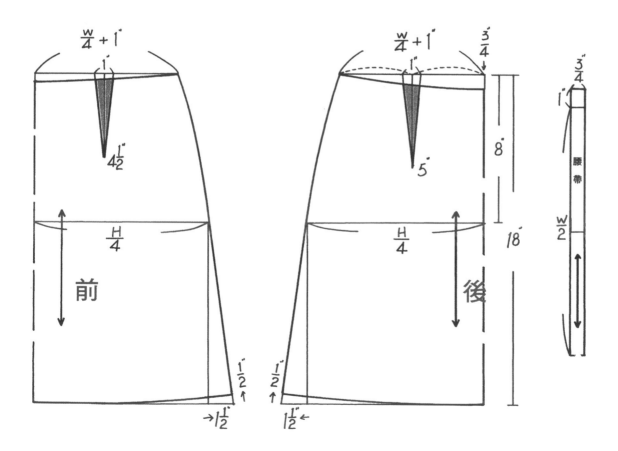

變化領外套 ＋A 字短裙

補充説明：

1.脅邊的胸褶紙型需先合併，再裁剪布料。

2.領子的造型可隨喜好再變化設計。

變化領外套

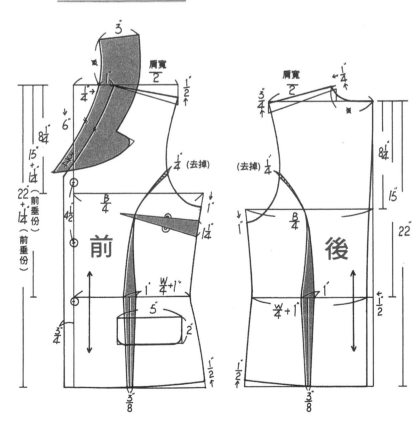

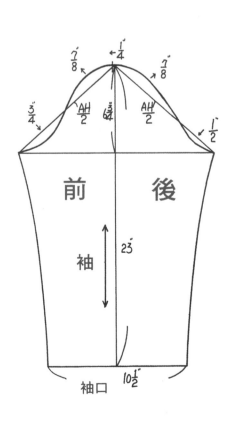

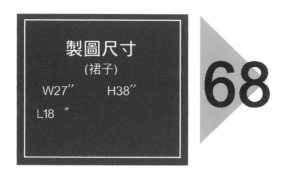

製圖尺寸
(裙子)
W27″　　H38″
L18 ″

68

A 字短裙

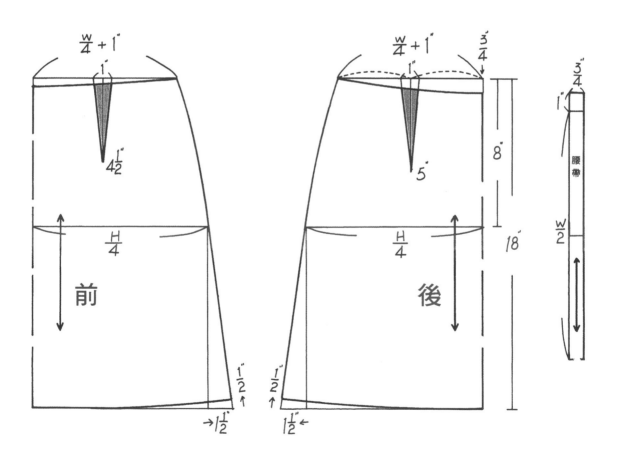

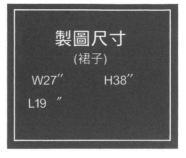

製圖尺寸
(裙子)

W27″　　　H38″

L19 ″

變化領外套+A字短裙

補充說明：

1.領子的畫法請參照另一本女裝基礎版的西裝領畫法。

2.領子外圍有配布的設計。

3.上衣下襬的畫法請參照另一本女裝基礎版 。

變化領外套

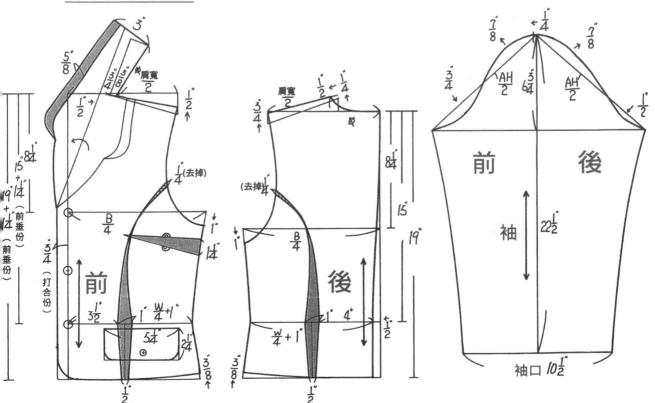

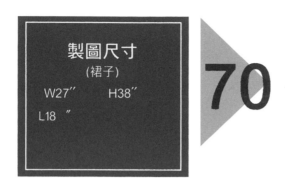

製圖尺寸
(裙子)
W27″　　H38″
L18　″

70

A 字短裙

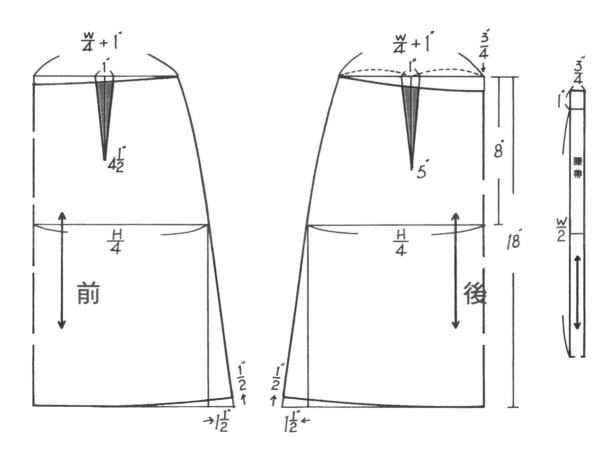

$\dfrac{W}{4}+1″$　　　　　　　$\dfrac{W}{4}+1″$　　$\dfrac{3}{4}″$

1″　　　　　　　　1″

$4\dfrac{1}{2}″$　　　　　　　5″

8′

$\dfrac{H}{4}$　　　　　　$\dfrac{H}{4}$

18′

前　　　　　後

$\dfrac{3}{4}″$

1″

腰帶

$\dfrac{W}{2}$

$\dfrac{1}{2}″$　　　$\dfrac{1}{2}″$　　$\dfrac{1}{2}″$

$\rightarrow 1\dfrac{1}{2}″$　　$1\dfrac{1}{2}″\leftarrow$

製圖尺寸
(外套)

肩 16″	B39″
L19″	W30″
H40″	袖 L22″
袖口 10″	

71

變化領外套＋A字短裙

補充説明：

1. 原型領圍的畫法請參照婦女上衣原型。

2. 脅邊的胸褶紙型需先合併，再裁剪布料。

3. 袖口有反褶的設計。

4. 衣身下襬有開短叉的設計。

變化領外套

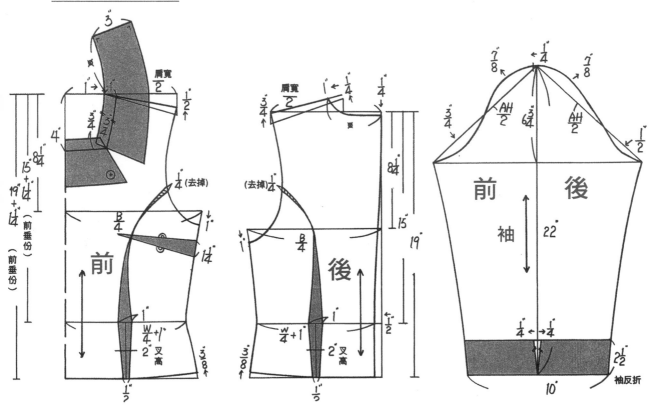

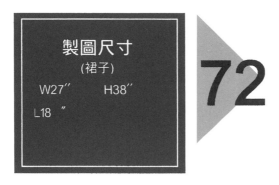

製圖尺寸
(裙子)
W27″   H38″
L18 ″

72

A 字短裙

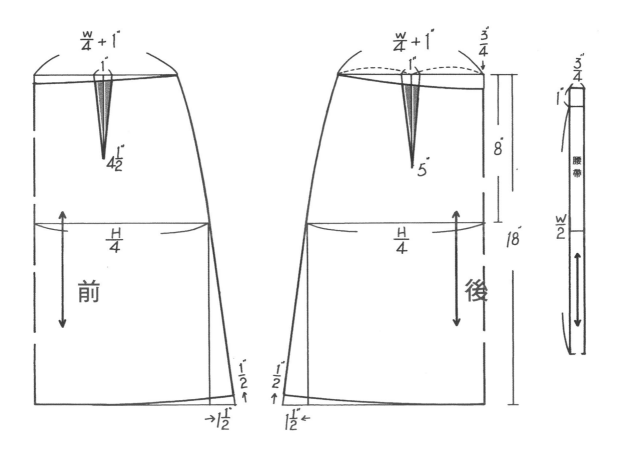

製圖尺寸
(外套)
L21 ″ 肩16 ″
B39½ ″ W27″ H38″
袖L23 ″ 袖口10½ ″

73

襯衫領外套＋A字短裙

補充説明：

1. 領子的畫法是:原型領圍側頸點挖大 ¼″ 再從 ¼″ 處往外 ⅞″，畫出後領圍(⊠)的尺寸。

2. 脅邊的胸褶紙型需先合併，再裁剪布料。

3. 上衣下襬的畫法，是將臀圍線畫出，決定寬度 H/4 畫順 WL 至 HL 的
   脅邊線，再取出下襬的線條。

襯衫領外套

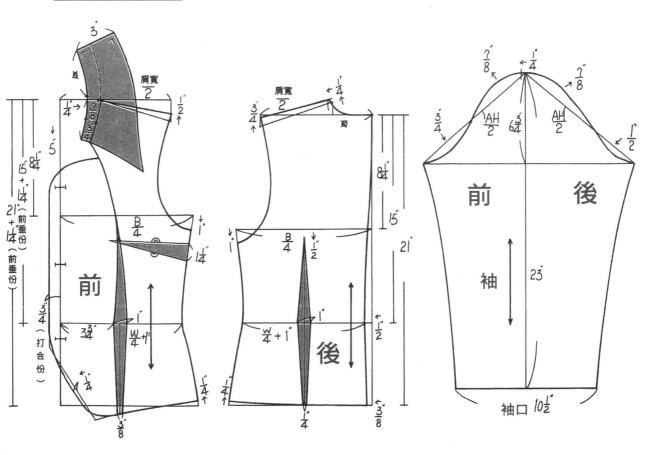

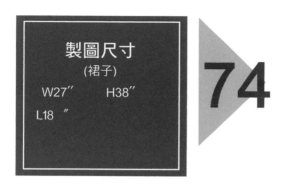

製圖尺寸
(裙子)
W27″　　H38″
L18　″

A 字短裙

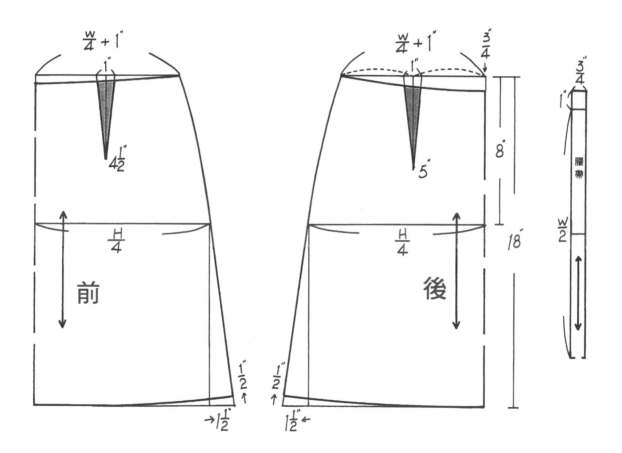

75

製圖尺寸
(外套)

肩 $10\frac{1}{2}''$	B39''
L18''	W30''
袖 L23''	袖口 $10\frac{1}{2}''$

變化西裝領外套
＋前開叉短裙

補充說明：

1. 領子的畫法是:原型領圍側頸點挖大 $\frac{1}{4}''$ 再從 $\frac{1}{4}''$ 處往外 $\frac{7}{8}''$，畫出後領圍(△)的尺寸。

2. 脅邊的胸褶紙型需先合併，再裁剪布料。

3. 上衣下襬的畫法，是將臀圍線畫出，決定寬度 $\frac{H}{4}$ 畫順 WL 至 HL 的
   脅邊線，再取出下襬的線條。

4. 袖口有反褶的設計。

變化西裝領外套

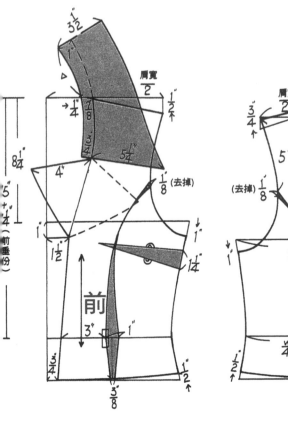

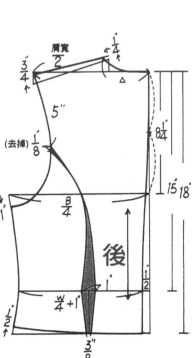

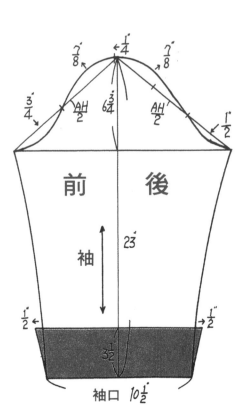

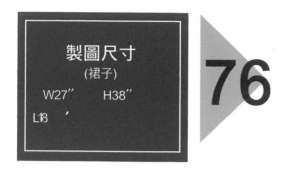

製圖尺寸
(裙子)
W27″   H38″
L18′

76

前開叉短裙

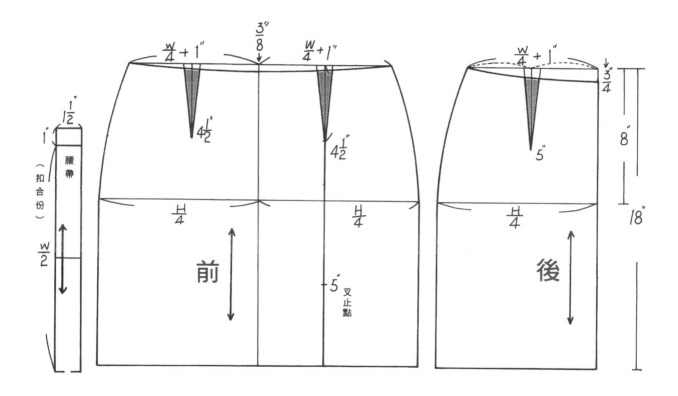

製圖尺寸
(外套)

肩 16″　　　B39″
L22″　　　W31″
H38″　　　袖L17″
袖口 11″

變化荷葉領外套
＋短窄裙(或短褲)

補充說明：

1.右前片領子前中心紙型有切展的設計。

2.此件外套可搭配短裙或短褲的設計。

3.原型領圍的畫法請參照婦女上衣原型。

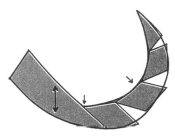

前片右領切展圖

變化荷葉領外套

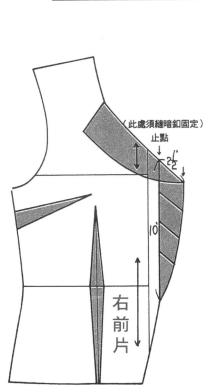

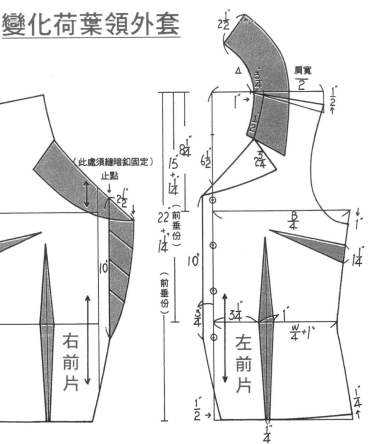

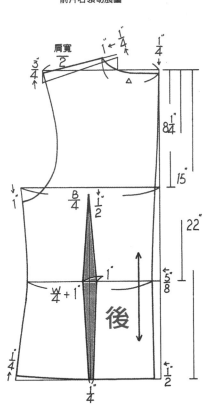

製圖尺寸
(褲子)
W26″　　H38″
L17′　　褲20′

78

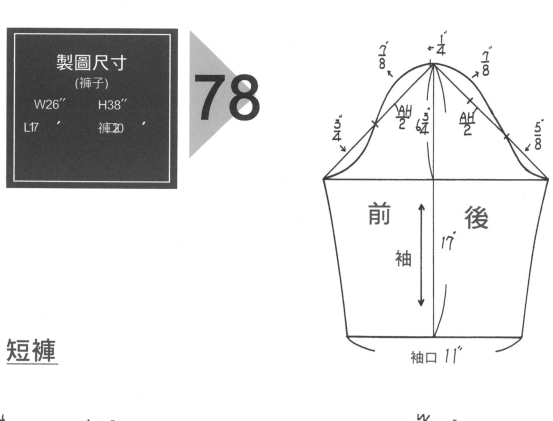

袖口 11″

短褲

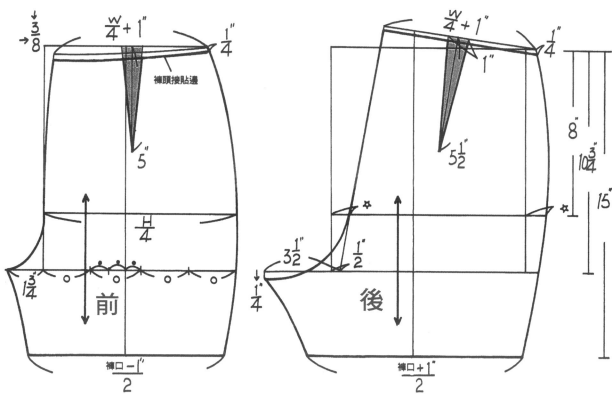

製圖尺寸
(裙子)
W26″   H38″
L17′

短窄裙

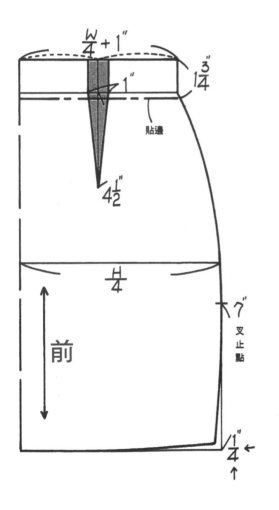

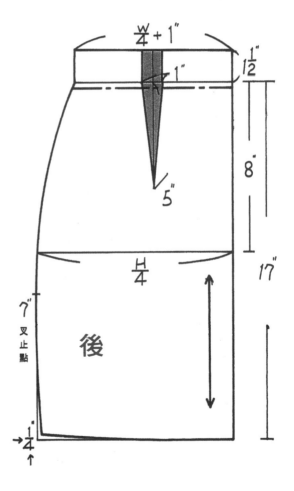

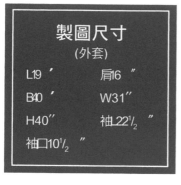

製圖尺寸
(外套)

L19ʹ	肩16ʺ
B40ʹ	W31ʺ
H40ʺ	袖22½ʺ
袖口10½ʺ	

毛皮領外套 + 高腰短裙

補充說明:

1.原型領圍的畫法請參見婦女上衣原型。

2.此件領子有毛皮的設計 。

3.前口袋處可加車縫裝飾線。(如設計圖)

4.上衣下襬的畫法,是先將臀圍線寬度(H/4)決定後,畫順 WL 至 HL 的脅邊線
再取出下襬的線條。

毛皮領外套

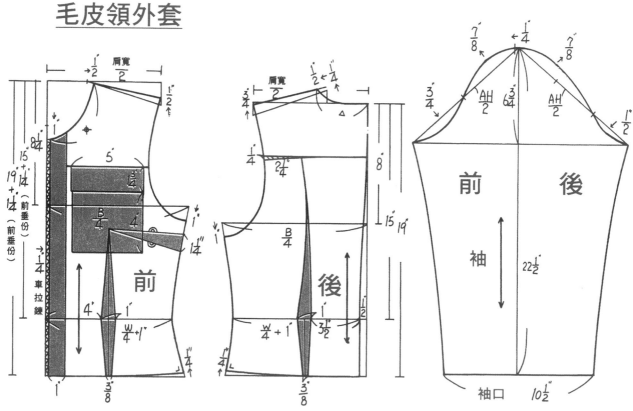

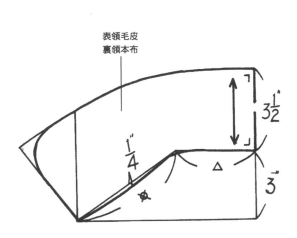

表領毛皮
裏領本布

$3\frac{1}{2}$"

$\frac{1}{4}$"

△

3"

81

製圖尺寸
(裙子)

W26″　　H38″
L18″　　高腰 2″

高腰短裙

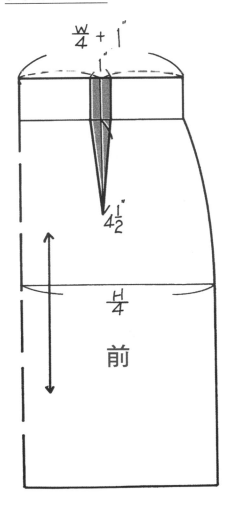

$\frac{W}{4}+1$"

1"

$4\frac{1}{2}$"

$\frac{H}{4}$

前

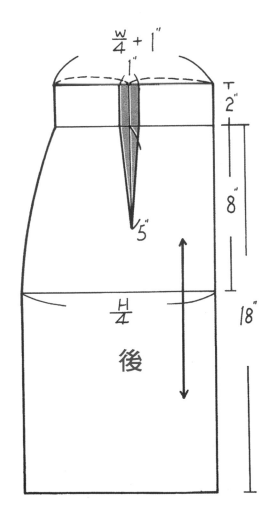

$\frac{W}{4}+1$"

1"

5"

2"

8"

18"

$\frac{H}{4}$

後

製圖尺寸
（上衣）

肩16 ″ L20 ″

B39 ″ W31″ H40″

袖L23 ″ 袖口10¹/₂ ″

82

方領上衣＋高腰短裙

補充説明：

1. 領口及裝飾口袋可用配布來設計。

2. 脅邊的胸褶紙型需先合併，再裁剪布料

3. 上衣下襬的畫法，是先將臀圍線寬度($H/4$)決定後，畫順 WL 至 HL 的脅邊線
   再取出下襬的線條。

4. 原型領圍的畫法請參見婦女上衣原型。

方領上衣

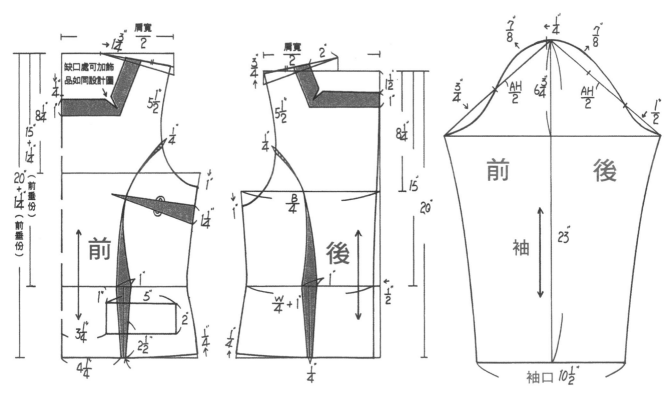

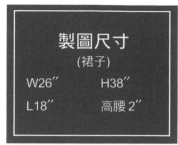

製圖尺寸
(裙子)
W26″   H38″
L18″   高腰 2″

高腰短裙

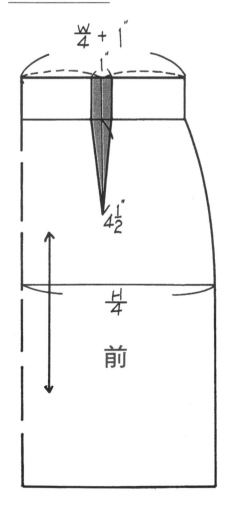

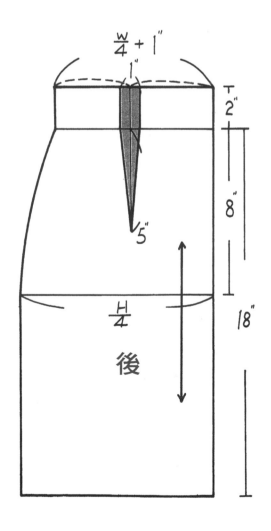

製圖尺寸
(上衣)

肩 16″	B39¹/₂″
L22″	W31″
袖 L23″	袖口 10¹/₂″

84

變化領上衣 + 高腰短裙

補充説明：

1. 原型領圍的畫法請參見婦女上衣原型。

2. 腰圍處有剪接的設計，可使下襬的紙型直接合併。

3. 領口的弧度，可依需要作不同的變化設計。

4. 上衣下襬的畫法，是先將臀圍線寬度(ᴴ/₄)決定後，畫順 WL 至 HL 的脅邊線
   再取出下襬的線條。

變化領上衣

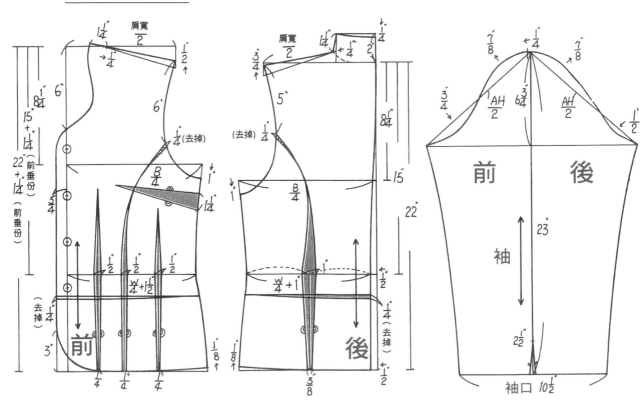

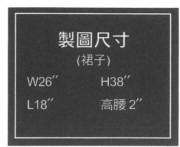

製圖尺寸
(裙子)
W26″   H38″
L18″   高腰 2″

高腰短裙

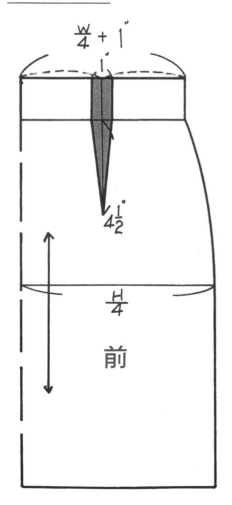

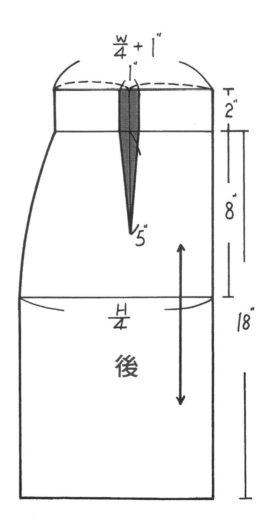

製圖尺寸
(上衣)

肩16 ″	L20 ′
B39½ ″	W31″
袖23 ″	袖口10½ ″

襯衫領上衣 + 高腰短裙

補充說明:

1. 原型領圍的畫法請參見婦女上衣原型。

2. 上衣下襬有腰飾布的裝飾。

3. 上衣下襬的畫法,是先將臀圍線寬度(ᴴ/₄)決定後,畫順 WL 至 HL 的脅邊線 再取出下襬的線條。

4. 肩處紙型需先合併再裁剪布料。

襯衫領上衣

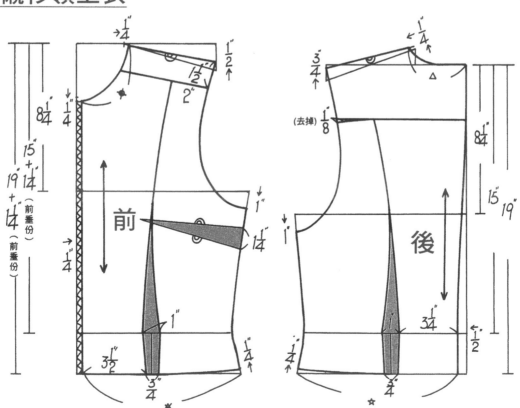

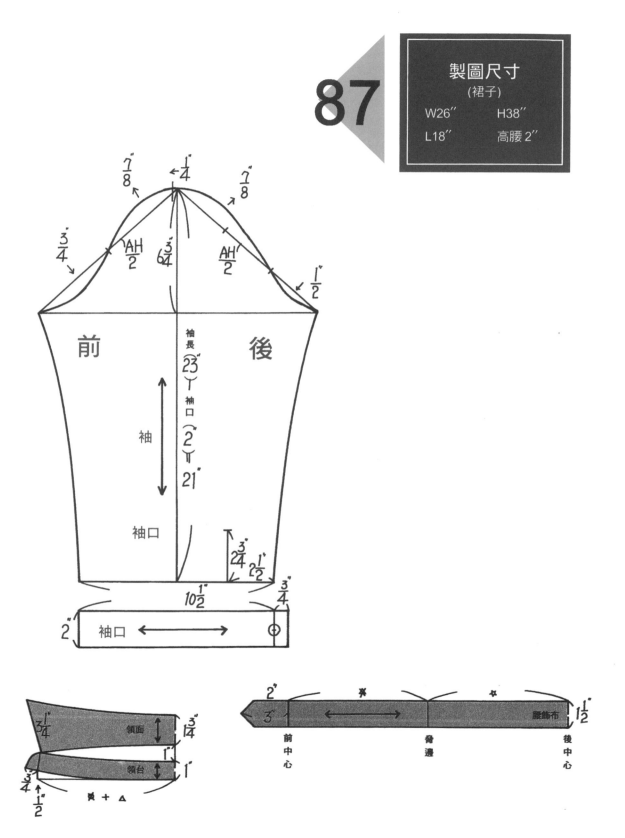

製圖尺寸
(裙子)

W26″　　H38″

L18″　　高腰 2″

高腰短裙

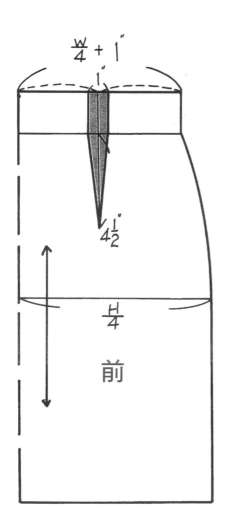

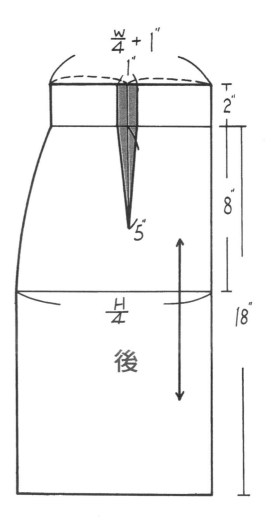

製圖尺寸
（上衣）

肩16 ″	L22 ′
B39½ ′	W31½ ″
袖L23 ″	袖口10½ ″

89

襯衫領上衣 + 高腰短裙

補充說明:

1. 領子的畫法：是原型領圍側頸點挖大$\frac{1}{4}$″處往外取$\frac{3}{4}$″，再畫出後領圍的尺寸弧度。

2. 脅邊胸褶紙型需先合併再裁剪布料。

3. 上衣下襬的畫法，是先將臀圍線寬度($\frac{H}{4}$)決定後，畫順 WL 至 HL 的脅邊線
   再取出下襬的線條。

4. 領子及身片有採用不同花色布的設計。(如設計圖)

襯衫領上衣

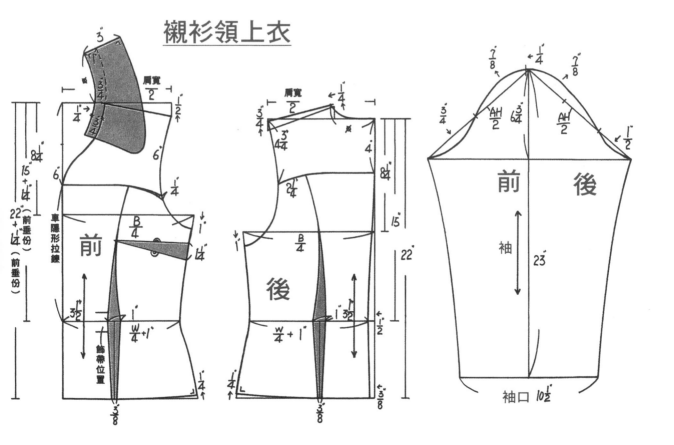

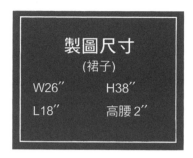

製圖尺寸
(裙子)
W26″   H38″
L18″   高腰 2″

高腰短裙

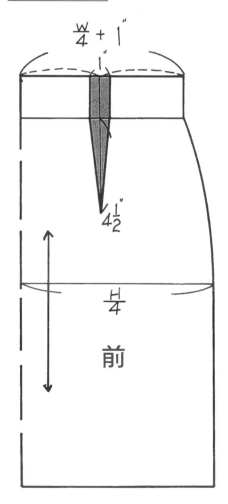

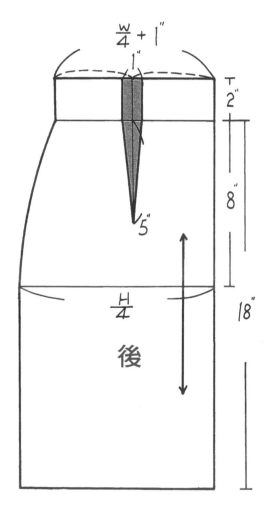

製圖尺寸
(上衣)

肩 16″	B39½″
L21″	W31½″
袖 L23″	袖口 10½″

襯衫領上衣＋高腰短裙

補充説明：

1. 前中心及脅邊處有拉鍊的設計。

2. 脅邊胸褶紙型需先合併再裁剪布料。

3. 上衣下襬的畫法，是先將臀圍線寬度($^{H}/_4$)決定後，
   畫順 WL 至 HL 的脅邊線，再取出下襬的線條。

4. 原型領圍的畫法請參見婦女上衣原型。

襯衫領上衣

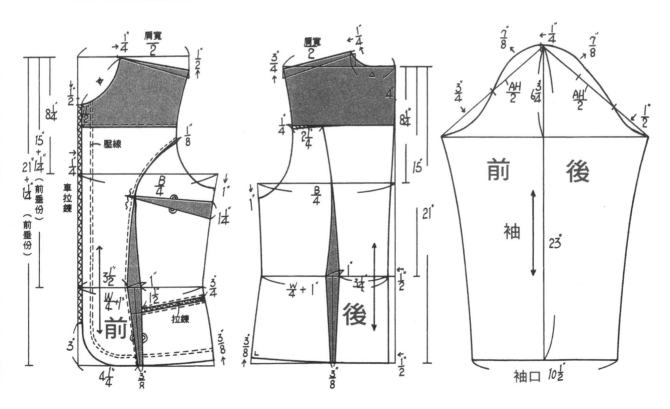

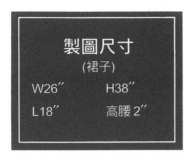

製圖尺寸
(裙子)
W26″　　H38″
L18″　　高腰2″

92

高腰短裙

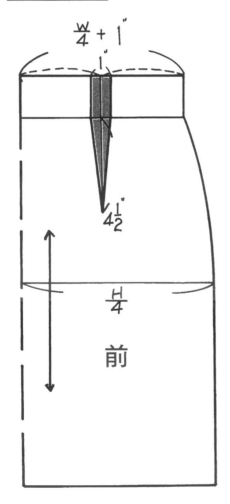

$\frac{W}{4} + 1''$

$1''$

$4\frac{1}{2}''$

$\frac{H}{4}$

前

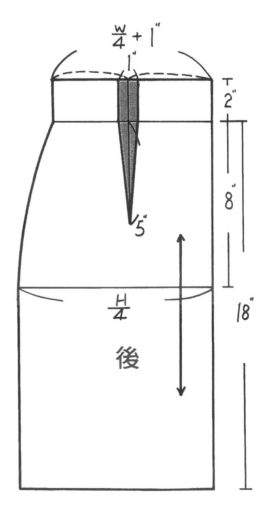

$\frac{W}{4} + 1''$

$1''$

$2''$

$5''$

$8''$

$\frac{H}{4}$

後

$18''$

製圖尺寸
（外套）

肩16 ″　　L21 ″

B39 $\frac{1}{2}$″　W31$\frac{1}{2}$″

袖L23 ″　袖口10$\frac{1}{2}$ ″

西裝領外套＋高腰短裙

補充說明：

1. 領子的畫法：是原型領圍側頸點挖大$\frac{1}{2}$ ″，再從$\frac{1}{2}$ ′處往外取$\frac{3}{4}$ ″，即是領折點。連接領止點，即成領折線，從$\frac{1}{2}$ ″處再往身片進去$\frac{3}{8}$ ″，取出後領圍的尺寸(△)及傾倒份1$\frac{1}{4}$ ″，畫出後領片。

2. 脅邊胸褶紙型需先合併再裁剪布料。

3. 前片有蓋式貼式口袋的設計。

西裝領外套

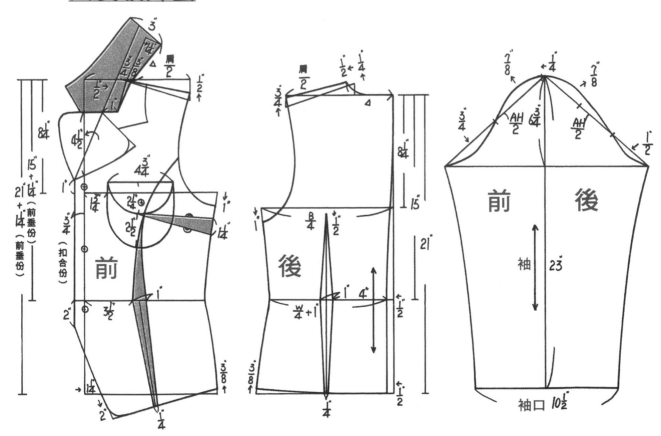

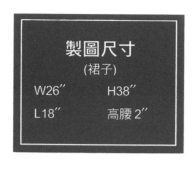

製圖尺寸
(裙子)
W26″　　H38″
L18″　　高腰 2″

94

高腰短裙

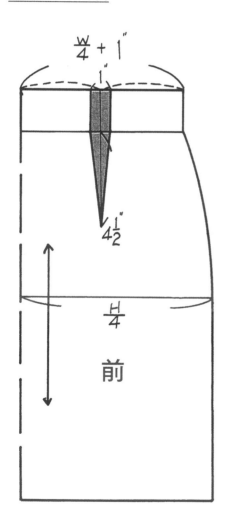

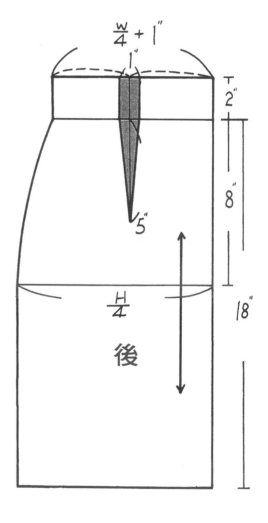

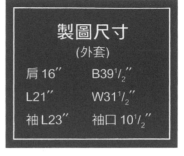

95

製圖尺寸
(外套)

肩 16″　　　B39$\frac{1}{2}$″

L21″　　　　W31$\frac{1}{2}$″

袖 L23″　　　袖口 10$\frac{1}{2}$″

西裝領外套＋高腰短裙

補充說明：

1. 領子的畫法：是原型領圍側頸點挖大$\frac{1}{4}$″，再從$\frac{1}{4}$″處往外取$\frac{3}{4}$″，即是領折點。連接領止點，即成領折線，從$\frac{1}{4}$″處再往身片進去$\frac{3}{8}$″，取出後圍的尺寸(△)及傾倒份1$\frac{3}{4}$″，畫出後領片。

2. 腰身褶需剪開，再合併脅邊的胸褶才可裁剪布料。

3. 上衣下襬的畫法，是先將臀圍線寬度($\frac{H}{4}$)決定後，畫順 WL 至 HL 的脅邊線再取出下襬的線條。

4. 前襟及前後下襬處可用不同質料或顏色的配布來設計。

5. 衣身下襬褶子處紙型需先合併，再裁剪布料。

西裝領外套

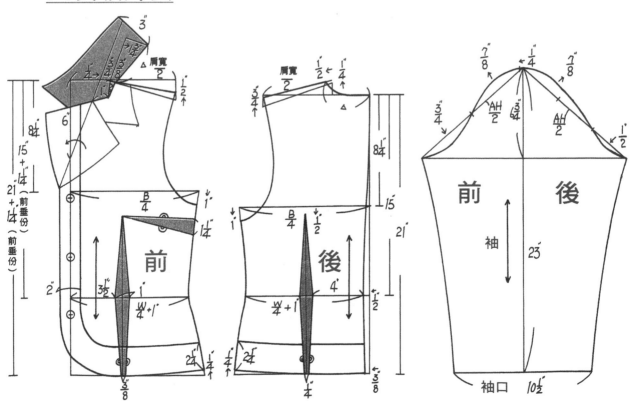

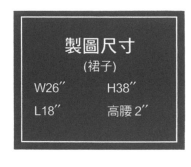

製圖尺寸
(裙子)
W26″　　　H38″
L18″　　　高腰 2″

96

高腰短裙

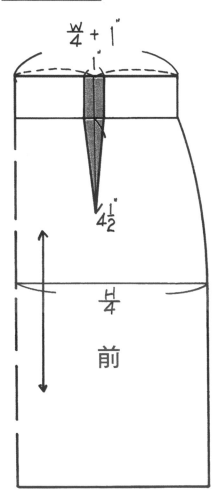

$\frac{W}{4} + 1″$

1″

$4\frac{1}{2}″$

$\frac{H}{4}$

前

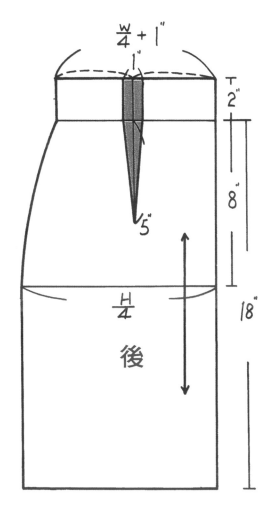

$\frac{W}{4} + 1″$

1″

5″

$\frac{H}{4}$

後

2″

8″

18″

製圖尺寸
(外套)

肩16〞　　　L14〞
B39 1/2〞　　W31 1/2〞
袖23〞　　　袖口10 1/2〞

毛衣領外套 +A 字短裙

補充說明：

1.原型領圍的畫法請參照婦女上衣原型。
2.前中心是以拉鍊作扣合的設計。
3.後中心削進1/2〞可使後片更貼身。
4.脅邊胸褶紙型需先合併再裁剪布料。
5.袖襱處削掉1/4〞可使身片更合身。
6.袖口、領口採用毛皮的裝飾設計。

毛衣領外套

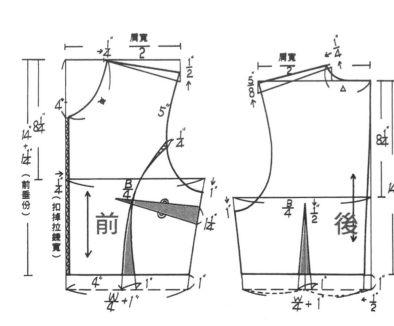

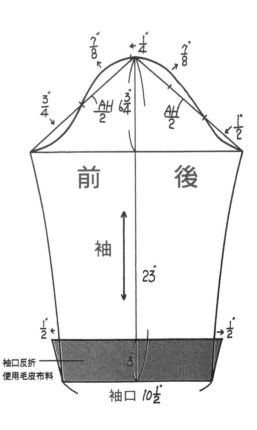

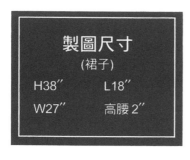

製圖尺寸
(裙子)
H38″ L18″
W27″ 高腰 2″

98

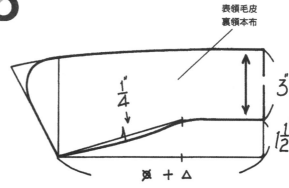

表領毛皮
裏領本布

$\frac{1''}{4}$

3″

$1\frac{1''}{2}$

⊠ ＋ △

A 字短裙

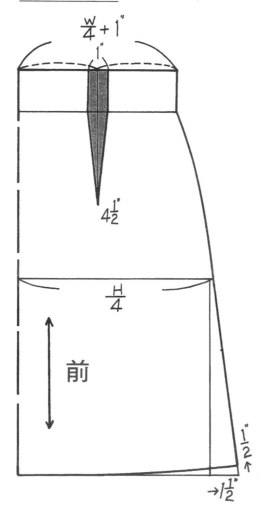

$\frac{W}{4}+1''$

1″

$4\frac{1}{2}''$

$\frac{H}{4}$

前

$1\frac{1''}{2}$

→$1\frac{1''}{2}$

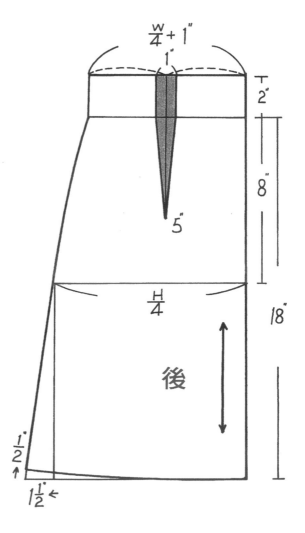

$\frac{W}{4}+1''$

1″

2″

5″

8″

$\frac{H}{4}$

後

18″

$\frac{1''}{2}$

$1\frac{1''}{2}$←

製圖尺寸
(裙子)
H38″　　　L38″
W27″

99

變化上衣＋長直裙

補充說明：

1.領口的設計有中國風的感覺。

2.袖子為七分袖的設計。

3.裙子脅邊有開叉的設計。

長直裙

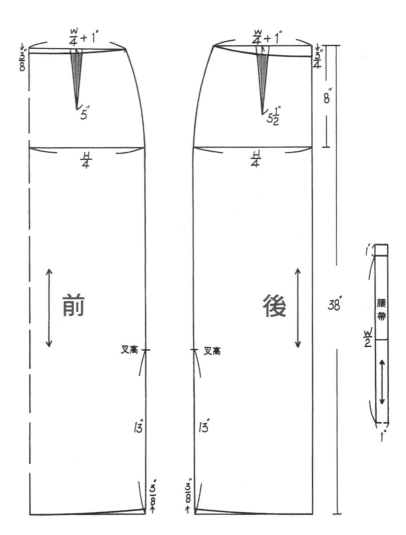

變化上衣

製圖尺寸
（上衣）
肩16 ″　H38 ″L21 ″
B39 ″　　W30″
袖L17 ″ 袖口11 ″

100

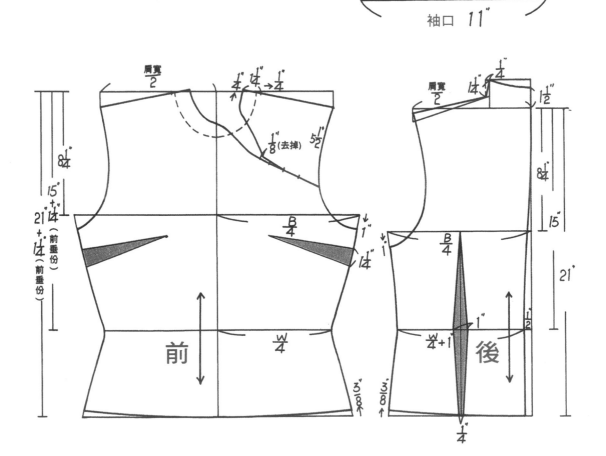

製圖尺寸
(裙子)
H38″ L38″
W27″

立領外套＋變化長裙

補充説明：

1. 原型領圍的畫法請參照婦女上衣原型。
2. 上衣脅邊胸褶紙型需先合併再裁剪布料。
3. 上衣下襬的畫法，是先將臀圍線寬度($\frac{H}{4}$)決定後，畫順 WL 至 HL 的脅邊線再取出下襬的線條。
4. 後中心削進$\frac{1}{2}$″可使後片更貼身。

變化長裙

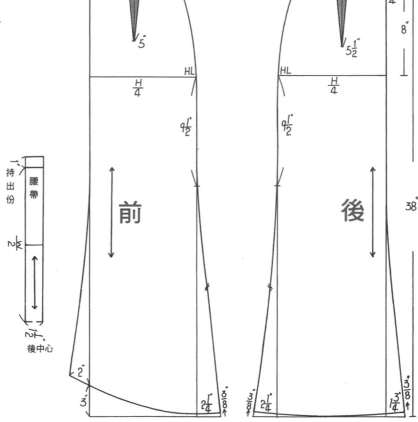

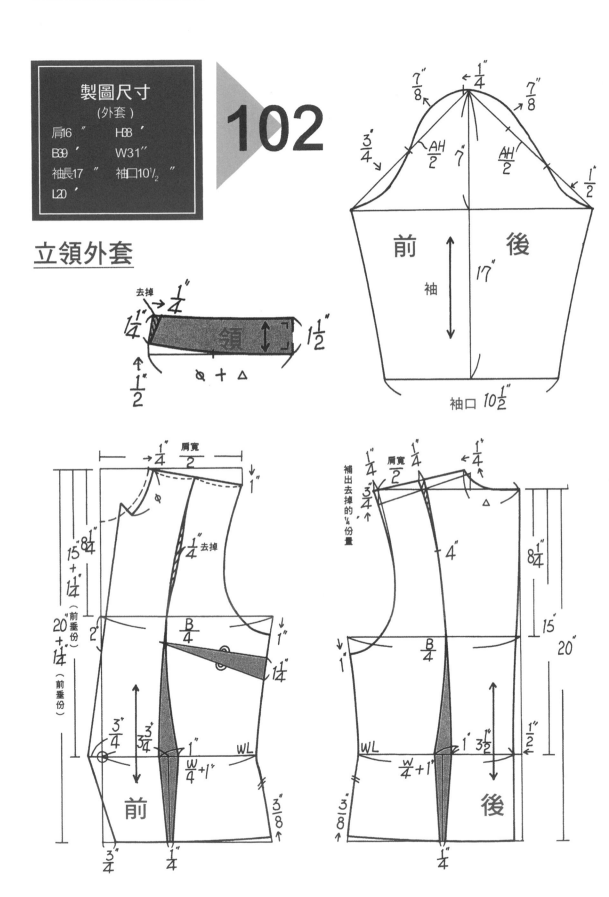

製圖尺寸
（外套）

肩16″　H38″
B39″　W31″
袖長17″　袖口$10\frac{1}{2}$″
L20″

102

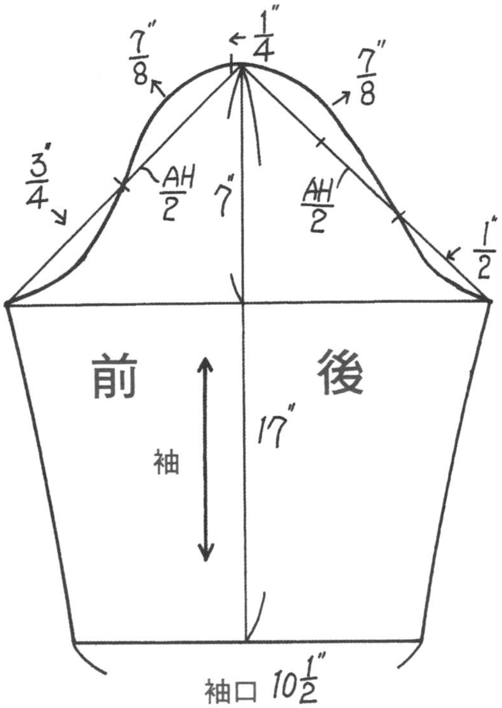

$\frac{1}{4}$″
$\frac{7}{8}$″
$\frac{7}{8}$″
$\frac{3}{4}$″
$\frac{AH}{2}$
7″
$\frac{AH}{2}$
$\frac{1}{2}$″
前
後
袖
17″
袖口 $10\frac{1}{2}$″

立領外套

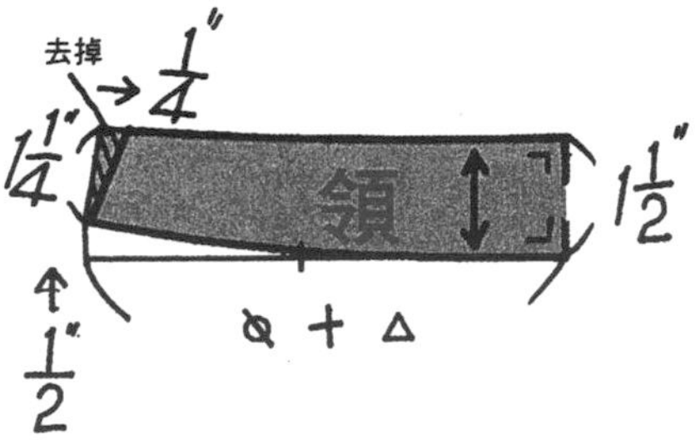

去掉
$\frac{1}{4}$″
$1\frac{1}{4}$″
領
$1\frac{1}{2}$″
$\frac{1}{2}$″

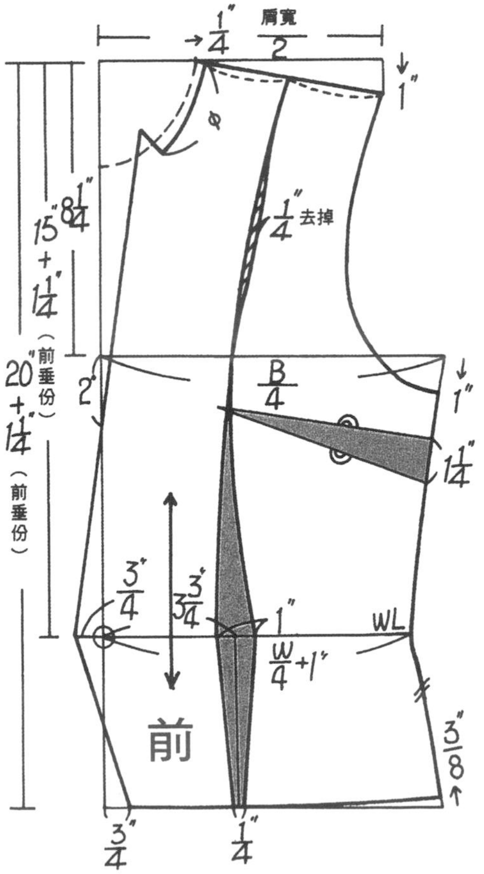

$\frac{1}{4}$″
肩寬
2
1″
15″
$8\frac{1}{4}$″
$1\frac{1}{4}$″
(前垂份)
20″
$1\frac{1}{4}$″
(前垂份)
$\frac{1}{4}$″去掉
2″
$\frac{B}{4}$
1″
$1\frac{1}{4}$″
$\frac{3}{4}$″
$3\frac{3}{4}$″
1″
WL
$\frac{W}{4}+1$″
前
$\frac{3}{8}$″
$\frac{3}{4}$″
$\frac{1}{4}$″

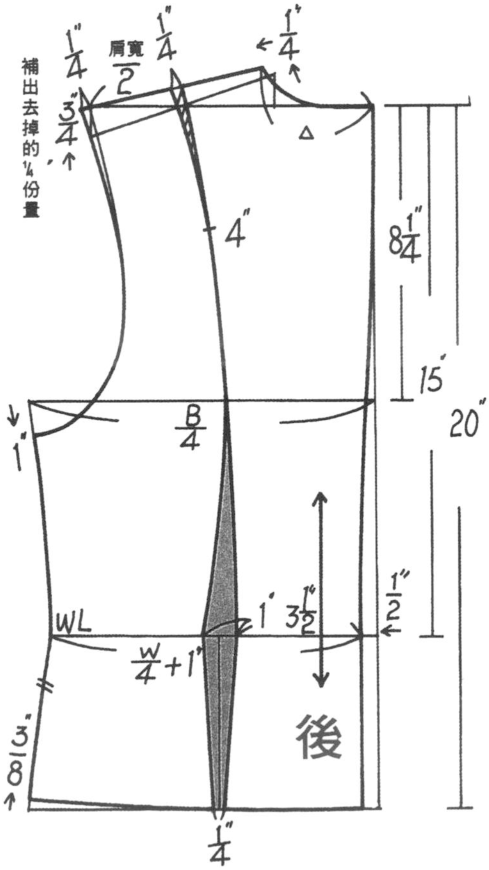

$\frac{1}{4}$″
肩寬
2
$\frac{1}{4}$″
$\frac{1}{4}$″
補出去掉的¼份量
$\frac{3}{4}$″
4″
$8\frac{1}{4}$″
15″
20″
$\frac{B}{4}$
1″
WL
1″
$3\frac{1}{2}$″
$\frac{1}{2}$″
$\frac{W}{4}+1$″
後
$\frac{3}{8}$″
$\frac{1}{4}$″

製圖尺寸
(裙子)
H38″   L36″
W27″

西裝領外套＋高腰長直裙

補充說明：

1.西裝領的畫法，請參照另一本基礎版女裝領子部份。

2.脅邊胸褶紙型需先合併再裁剪布料。

3.裙子左脅邊下襬有開叉的設計。

高腰長直裙

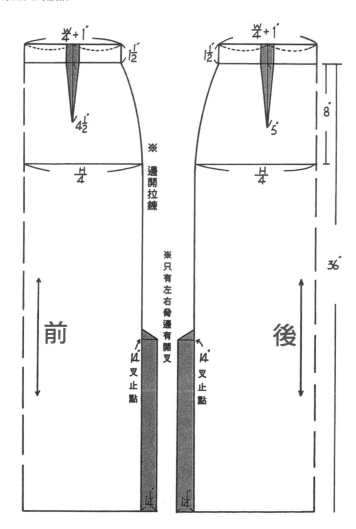

製圖尺寸
(外套)

肩16 ″   H40 ′
L25 ′   B39½ ″
W31″   袖23 ″
袖口10¼ ″

104

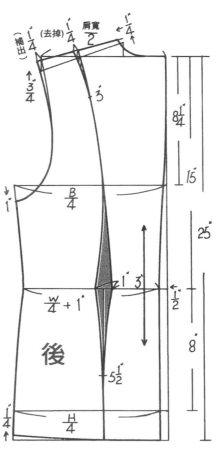

前　　後

袖

23″

袖口 10¼″ + 1″

西裝領外套

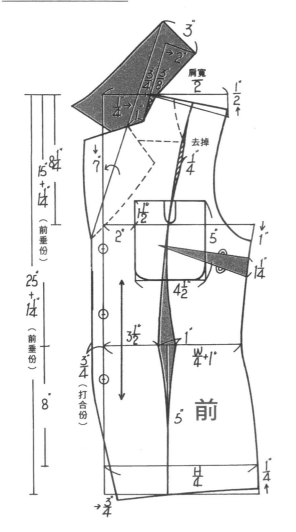

前

後

（請參見彩色圖）

製圖尺寸
(裙子)

H39″	裙 L36″
W27″	高腰 2″

105

西裝領外套＋高腰長裙

補充説明：

1.西裝領的畫法，請參照另一本基礎版女裝。

2.脅邊胸褶紙型需先合併再裁剪布料。

高腰長裙

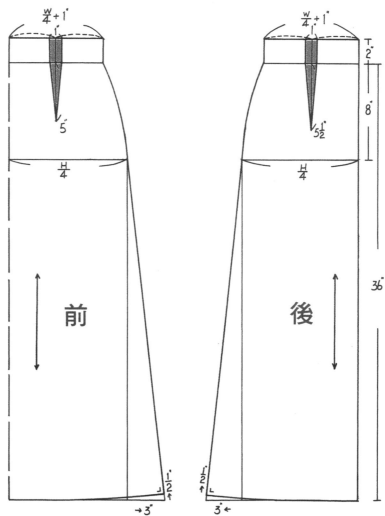

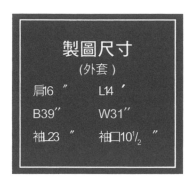

製圖尺寸
(外套)

肩16″	L14′
B39″	W31″
袖23″	袖口10$\frac{1}{2}$″

106

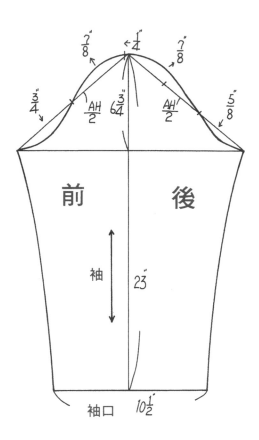

前　　後

袖　23″

袖口　10$\frac{1}{2}$″

西裝領外套

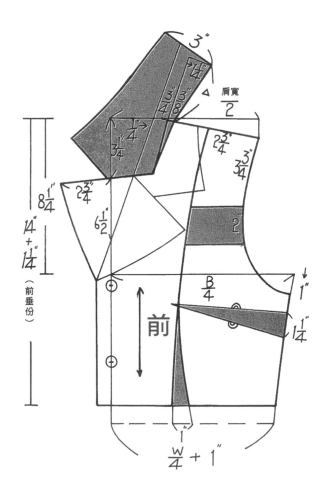

前

$\frac{B}{4}$

$\frac{W}{4}+1$″

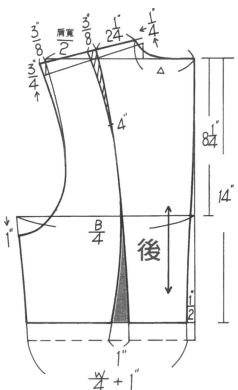

後

$\frac{B}{4}$

$\frac{W}{4}+1$″

製圖尺寸
(裙子)
H38″　　　L35″
W26″　　（已含腰高）

翼領外套＋A字長裙

補充說明：

1.西裝領的畫法，請參照另一本女裝基礎版的領子畫法。

2.脅邊胸褶紙型需先合併再裁剪布料。

A字長裙

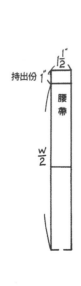

持出份 1″
腰帶
$\frac{W}{2}$

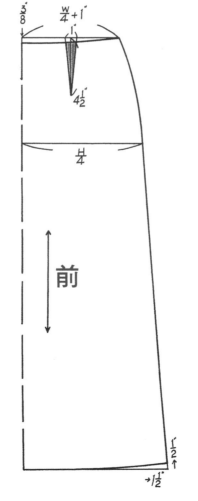

$\frac{3}{8}$″　$\frac{W}{4}+1$″　1″
$4\frac{1}{2}$″
$\frac{H}{4}$
前
$\frac{1}{2}$″
→$1\frac{1}{2}$″

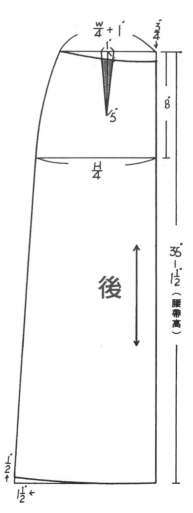

$\frac{W}{4}+1$″　$\frac{3}{4}$″
5″
8″
$\frac{H}{4}$
後
35″−$1\frac{1}{2}$″（腰帶高）
$\frac{1}{2}$″
$1\frac{1}{2}$″←

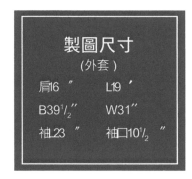

製圖尺寸
(外套)

肩16　″	L19　′
B39½″	W31″
袖23　″	袖口10½　″

108

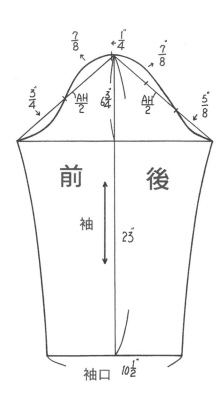

前　後

袖　23″

袖口　10½″

翼領外套

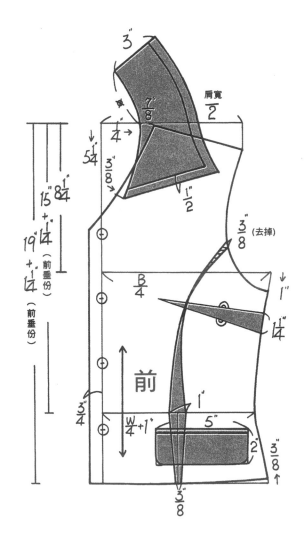

前

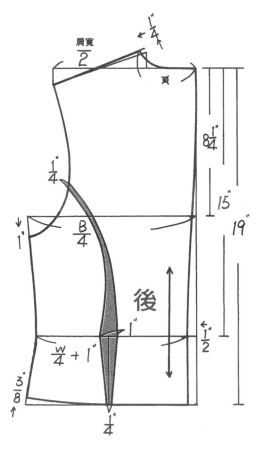

後

第6章．套裝（上衣或外套＋褲子）

製圖尺寸
(褲子)
H38″　　L14″
W27″　　股上 11″

110

變化 V 型領外套 + 短褲

補充説明：

1. 原型領圍的畫法請參照婦女上衣原型。

2. 脅邊胸褶紙型需先合併再裁剪布料。

3. 袖口有反褶的設計。

4. 短褲腰圍處紙型需先合併再裁剪布料。

短褲

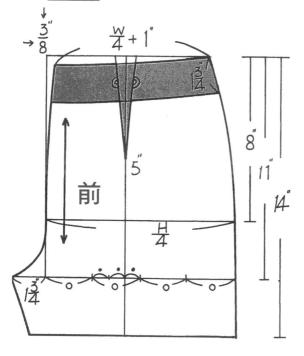

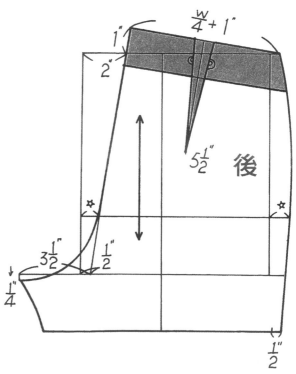

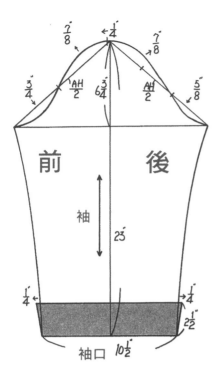

製圖尺寸
(外套)

肩16 ″　　　H38 ′
L21 ′　　　B39 ′
W30″　　　袖23 ″
袖口10½ ″

111

變化Ｖ型領外套＋短褲

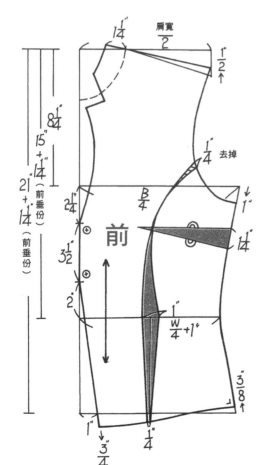

前

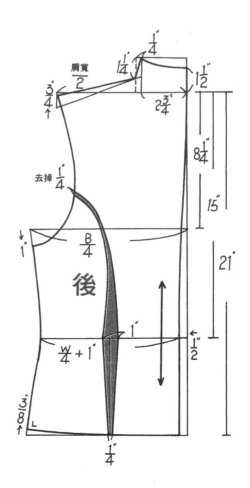

後

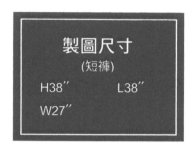

製圖尺寸
(短褲)
H38″   L38″
W27″

襯衫領外套 + 喇叭褲

補充說明:

1. 原型領圍的畫法請參照婦女上衣原型。

2. 脅邊胸褶紙型需先合併再裁剪布料。

3. 上衣下襬的畫法,是先將臀圍線寬度($\frac{H}{4}$)決定後,畫順 WL 至 HL 的脅邊線
   再取出下襬的線條。

4. 後中心削進 $\frac{1}{2}″$ 可使後片更貼身。

喇叭褲

腰帶

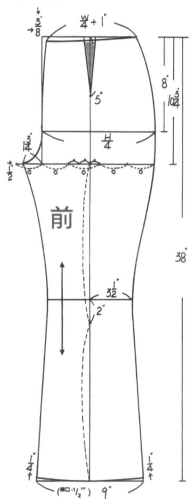

前

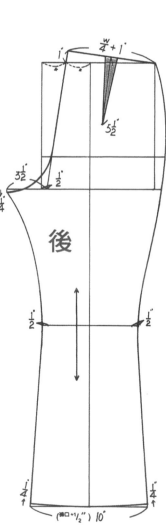

後

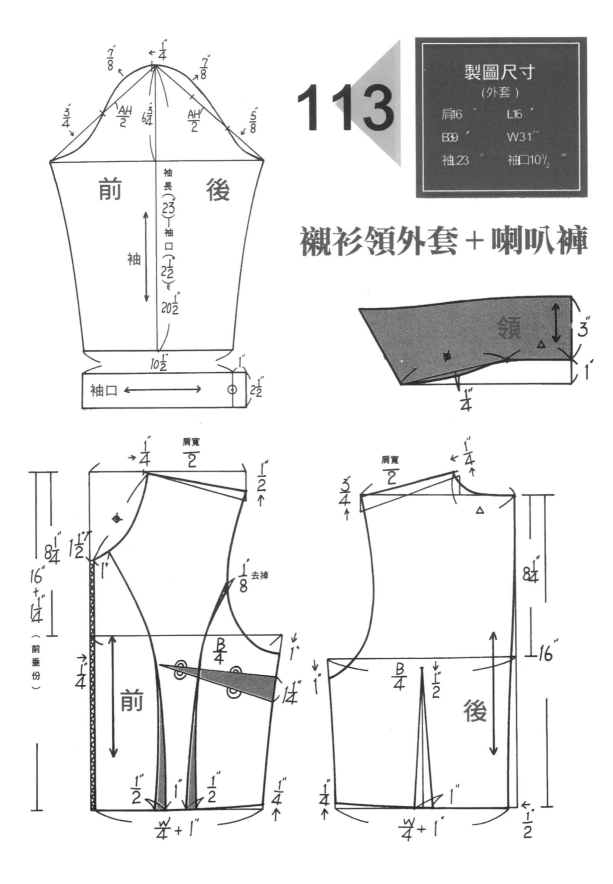

113

製圖尺寸
（外套）

肩16 ″　　　L16 ′
B39 ′　　　W31″
袖23 ″　　　袖口10½ ″

襯衫領外套 + 喇叭褲

袖部分

前　　後

袖長（23）—袖口（2½″）

袖

20½″

10½″

袖口

2½″

1″

7/8″　1/4″　7/8″

3/4″　AH/2　3/64″　AH/2　5/8″

領部分

領

3″

1″

1/4″

前身部分

1/4″　肩寬/2　1/2″

8½″

16″+1½″

（前垂份）

1½″　1″

1/8″ 去掉

B/4　1″

3/4″

前

1/2″　1″　1/2″　1/4″

W/4 +1″

後身部分

肩寬/2　1/4″

3/4″

8½″

16″

B/4　1/2″

後

1/4″　1″　1/2″

W/4 +1″

製圖尺寸
(長褲)

H38″   W27″

腰長 8″   股上長 10³/₄″

L38″

114

變化領外套 + 低腰長褲

補充說明:

1.領子的畫法是,原型領圍側頸點挖大 ¹/₄″,再從 ¹/₄″,處往外取 ³/₄″,畫出後領圍的尺寸弧度。

2.脅邊胸褶紙型需先合併再裁剪布料。

3.上衣袖襱處去掉 ¹/₄″ 可使衣身更合身。

4.長褲腰帶褶子處紙型需先合併再裁剪布料。

低腰長褲

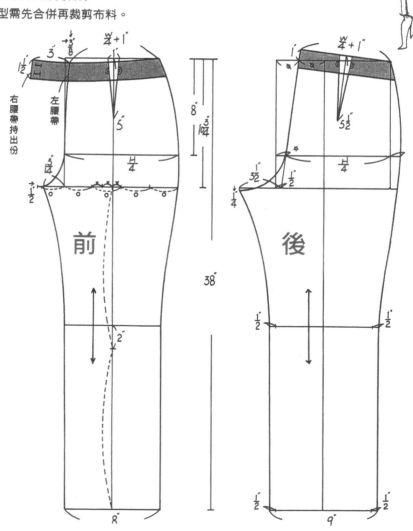

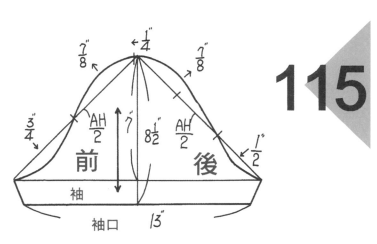

袖口 13″

製圖尺寸
（上衣）

肩16 ″	L28 ′
B39½ ″	W31½″
袖長8½ ″	袖口13 ″

115

變化領外套

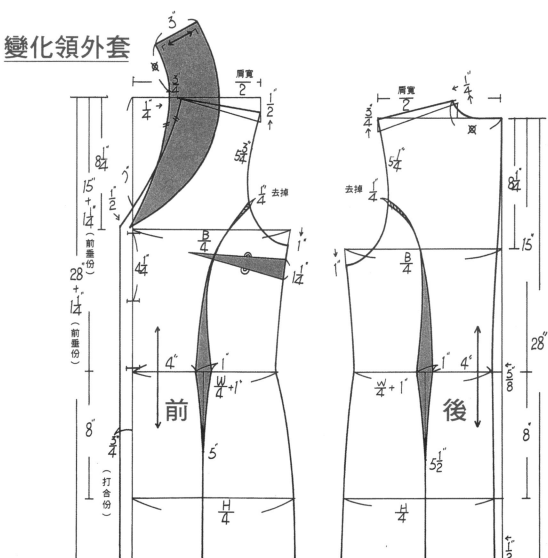

前

後

116

變化領外套 + 低腰長褲

補充説明：

1. 領子的畫法是，原型領圍側頸點挖大 $\frac{1}{4}''$ 再從 $\frac{1}{4}''$ 處往外取 $\frac{3}{4}''$，畫出後領圍的尺寸弧度。
2. 原型領圍的畫法，請參照婦女上衣原型。
3. 脅邊胸褶紙型需先合併，再裁剪布料。
4. 袖襱處扣掉 $\frac{1}{4}''$ 可使衣身更合身。
5. 上衣下襬的畫法，是先將臀圍線寬度($\frac{H}{4}$)決定後，畫順 WL 至 HL 的脅邊線再取出下襬的線條。
6. 長褲腰帶褶子處紙型需先合併，再裁剪布料。

變化領外套

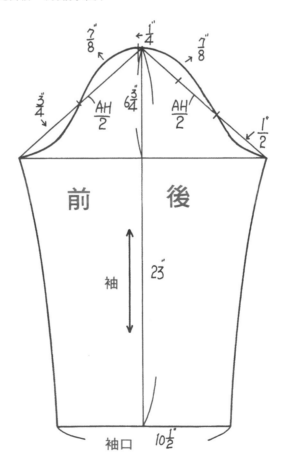

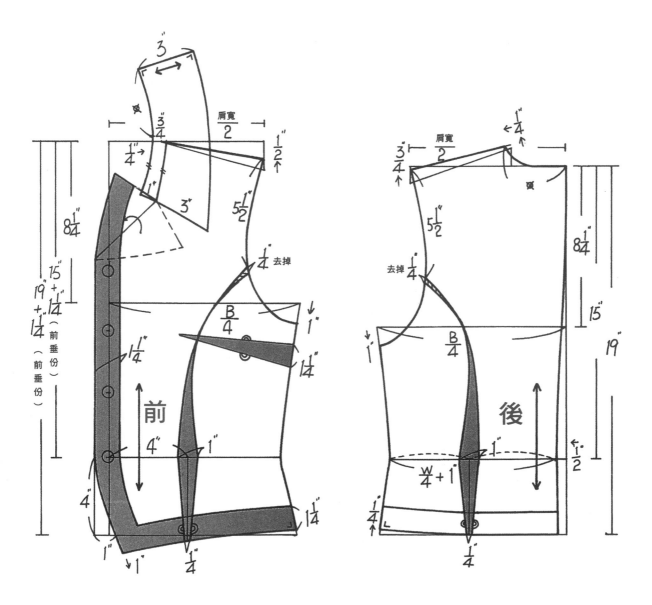

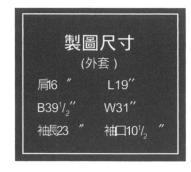

製圖尺寸
（外套）

肩16 ″	L19″
B39$\frac{1}{2}$″	W31″
袖長23 ″	袖口10$\frac{1}{2}$ ″

118

低腰長褲

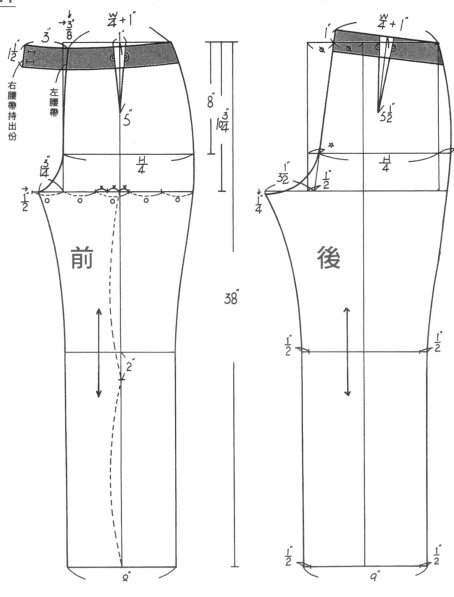

119

製圖尺寸

（外套）

肩16 ″ L27 ″

B39$\frac{1}{2}$″ H40″ W31″

袖L23 ″ 袖口10$\frac{1}{4}$ ″

襯衫領上衣＋低腰長褲

補充說明：

1.原型領圍的畫法，請參照婦女上衣原型。

2.前胸、後背及袖口有剪接的設計。

3.腰處有腰帶的裝飾。

4.脅邊胸褶紙型需先合併，再裁剪布料。

襯衫領上衣

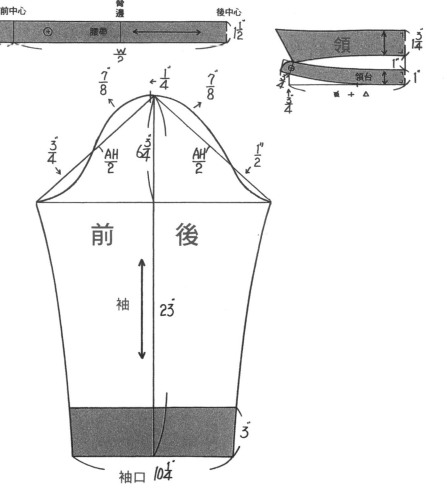

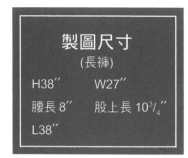

製圖尺寸
（長褲）
H38″　　　W27″
腰長 8″　　股上長 10³/₄″
L38″

120

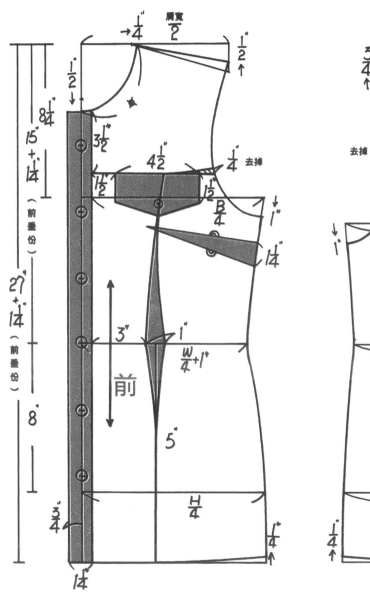

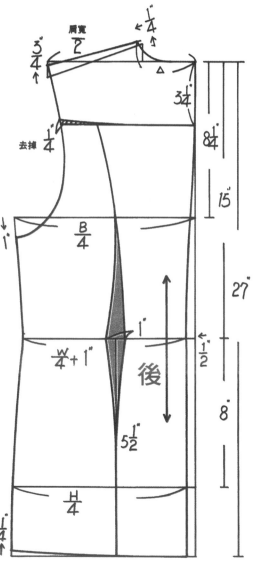

低腰長褲

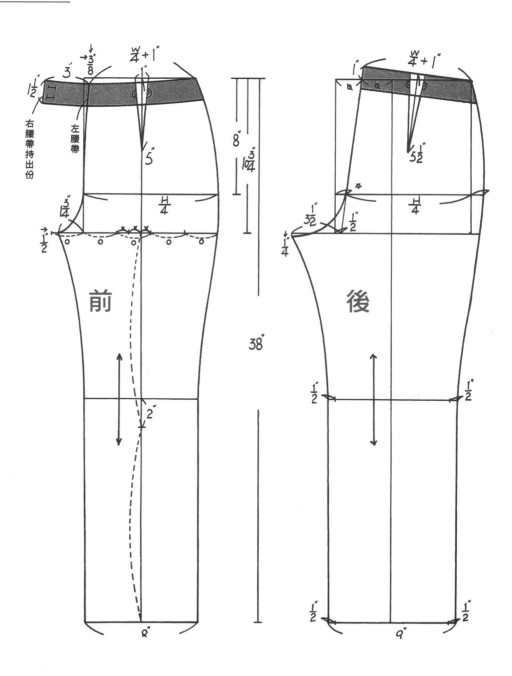

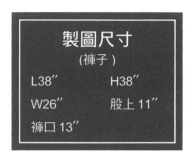

製圖尺寸
(褲子)

L38″	H38″
W26″	股上 11″
褲口 13″	

變化領外套＋高腰長褲

補充說明：

1. 領子的畫法是，原型領圍側頸點挖大 $\frac{1}{2}$″，再從 $\frac{1}{2}$″ 處，往外取 $\frac{3}{4}$″，畫出後領圍(△)
   的尺寸弧度。

2. 脅邊胸褶紙型需先合併，再裁剪布料。

3. 上衣下襬的畫法，是先將臀圍線寬度($\frac{H}{4}$)決定後，畫順 WL 至 HL 的
   脅邊線再取出下襬的線條。

高腰長褲

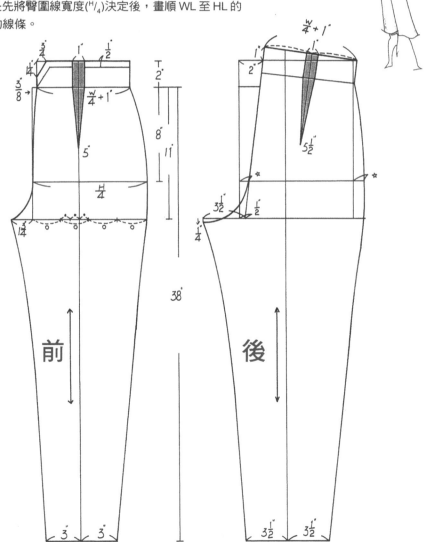

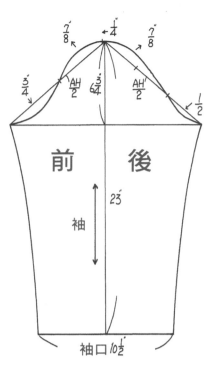

前　後

23

袖

袖口 $10\frac{1}{2}$"

123

製圖尺寸
（外套）

肩16　"　　L19 "

B39"　　W31$\frac{1}{2}$ "

袖23 "　　袖口10$\frac{1}{2}$ "

變化領外套

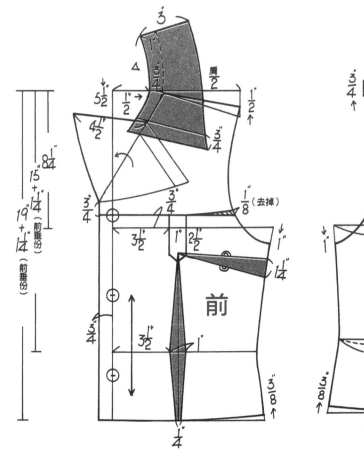

前

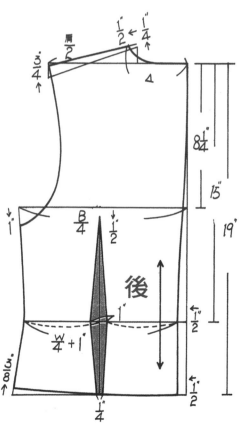

後

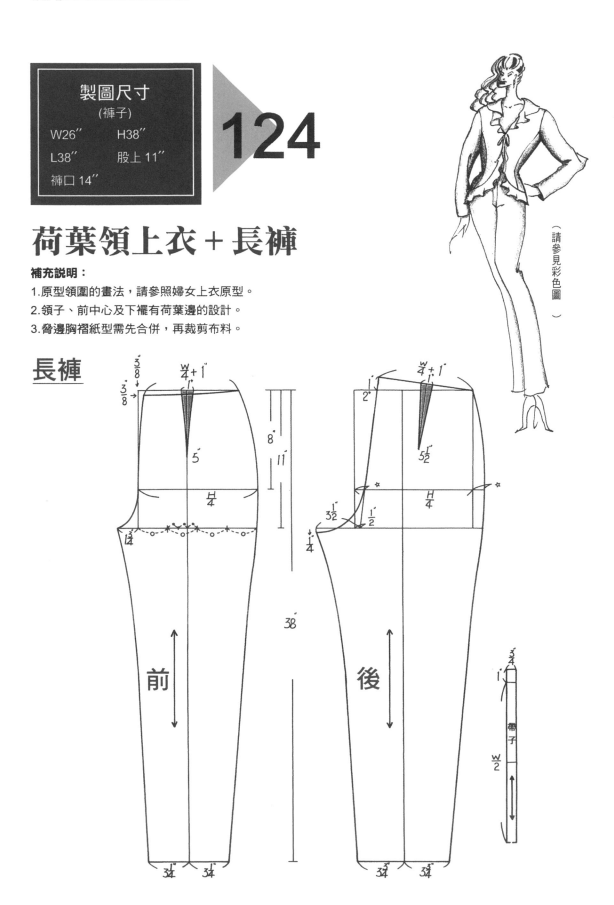

製圖尺寸
(褲子)
W26″　　H38″
L38″　　股上 11″
褲口 14″

124

荷葉領上衣 + 長褲

補充説明：

1.原型領圍的畫法，請參照婦女上衣原型。

2.領子、前中心及下襬有荷葉邊的設計。

3.脅邊胸褶紙型需先合併，再裁剪布料。

長褲

前

後

帶子

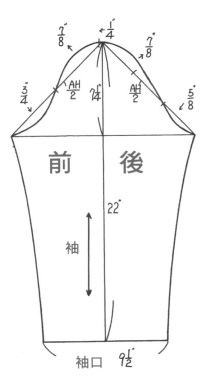

前　後

$\frac{7}{8}$　$\frac{1}{4}$　$\frac{7}{8}$

$\frac{3}{4}$　$\frac{AH}{2}$　$2\frac{1}{4}$　$\frac{AH}{2}$　$\frac{5}{8}$

22"

袖

袖口　$9\frac{1}{2}$

125

製圖尺寸
(外套)

肩16"　　L22"

B39"　　W31"

袖22"　　袖口$9\frac{1}{2}$"

荷葉領上衣

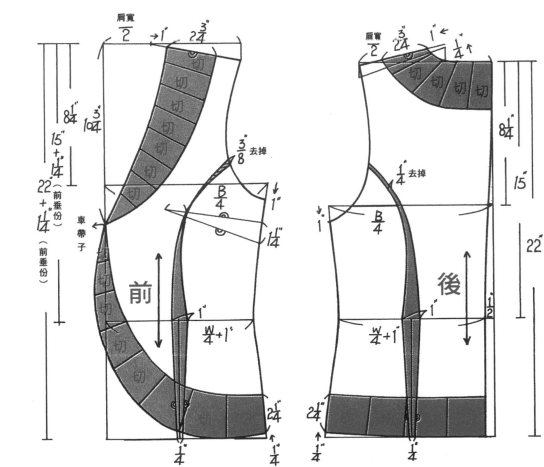

肩寬／2　→1"　$2\frac{3}{4}$

$8\frac{1}{4}$　$10\frac{3}{4}$

$15"+1\frac{1}{4}$（前垂份）

$22"+1\frac{1}{4}$（前垂份）

切 切 切 切 切 切 切 切 切 切 切 切

$\frac{3}{8}$　去掉

$\frac{B}{4}$　1"　$1\frac{1}{4}$"

車帶子

前

1"　$\frac{W}{4}+1"$

$2\frac{1}{4}$"　$\frac{1}{4}$"　$1\frac{1}{4}$"

肩寬／2　$2\frac{3}{4}$　1"　$\frac{1}{4}$

切 切 切 切

$8\frac{1}{4}$

$1\frac{1}{4}$　去掉

15"

$\frac{B}{4}$

1"

後

22"

$\frac{W}{4}+1"$　$\frac{1}{2}$

$2\frac{1}{4}$"　$\frac{1}{4}$"　$\frac{1}{4}$"

領子展開圖

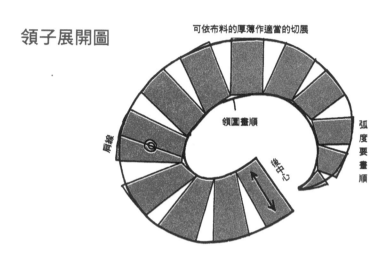

可依布料的厚薄作適當的切展

領圍畫順

肩線

弧度要畫順

後中心

前中心及下襬展開圖

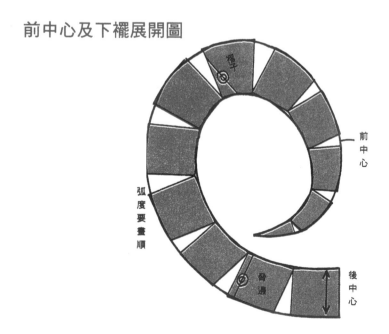

褶子

前中心

弧度要畫順

臀邊

後中心

127

製圖尺寸
（外套）

肩6″　　　L22″

B39″　　　W31″

袖23″　　　袖口10$\frac{1}{2}$″

襯衫領上衣＋長褲

補充説明：

1.領子及身片可作配布的設計。

2.脅邊胸褶紙型需先合併，再裁剪布料。

3.上衣下褲的畫法請參照另一本女裝基礎版的畫法。

襯衫領上衣

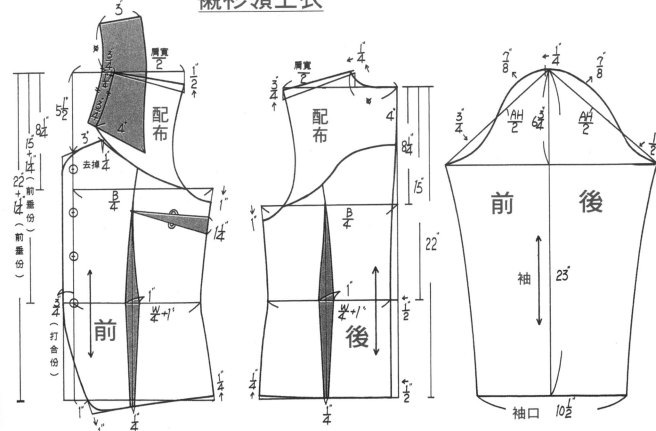

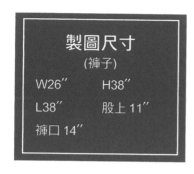

製圖尺寸
(褲子)

W26″	H38″
L38″	股上 11″
褲口 14″	

128

長褲

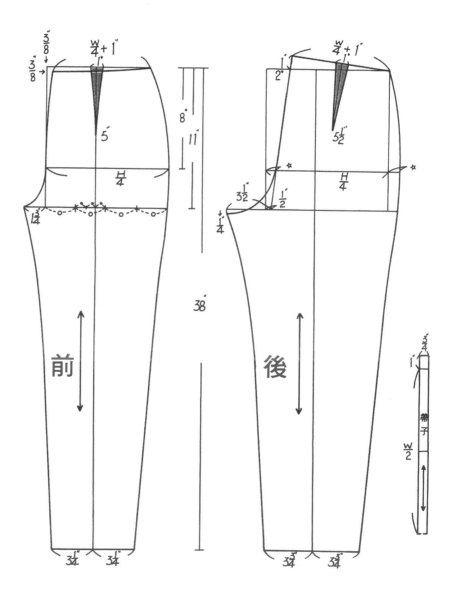

高領上衣

製圖尺寸
（上衣）

肩6 ″   L34″
B39$\frac{1}{2}$″   W31″
袖長17 ″   袖口10 ″

高領上衣＋長褲

補充說明：

1.原型領圍的畫法，請參照婦女上衣原型。

2.前片脅邊胸褶轉移至領圍處。

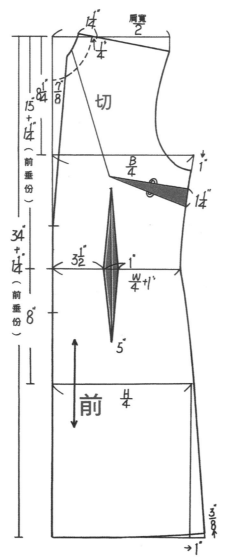

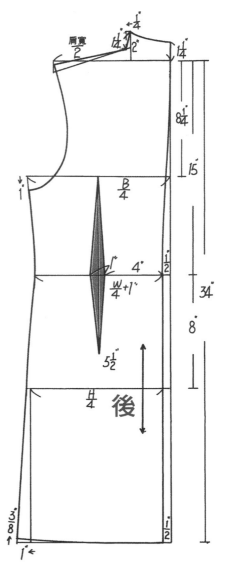

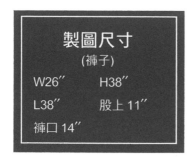

製圖尺寸
(褲子)

W26″   H38″

L38″   股上 11″

褲口 14″

130

前片紙型完成圖

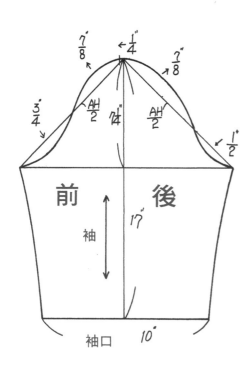

前 後

袖

17″

袖口   10″

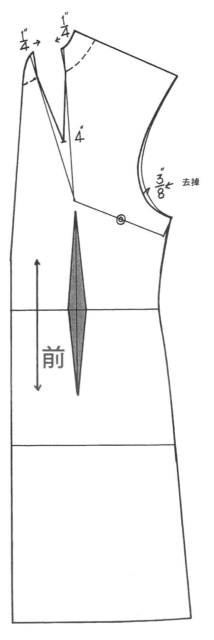

去掉

前

長褲

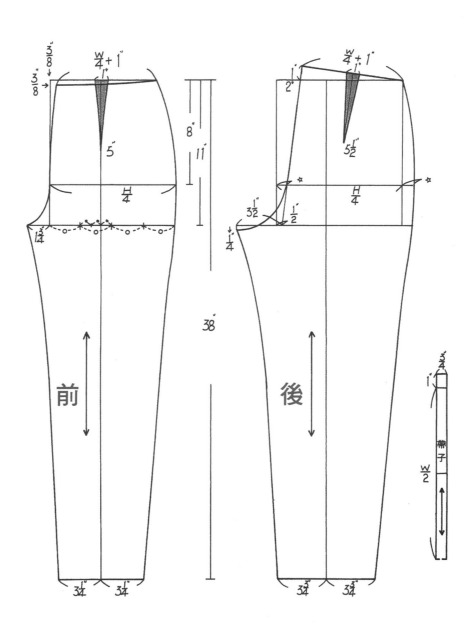

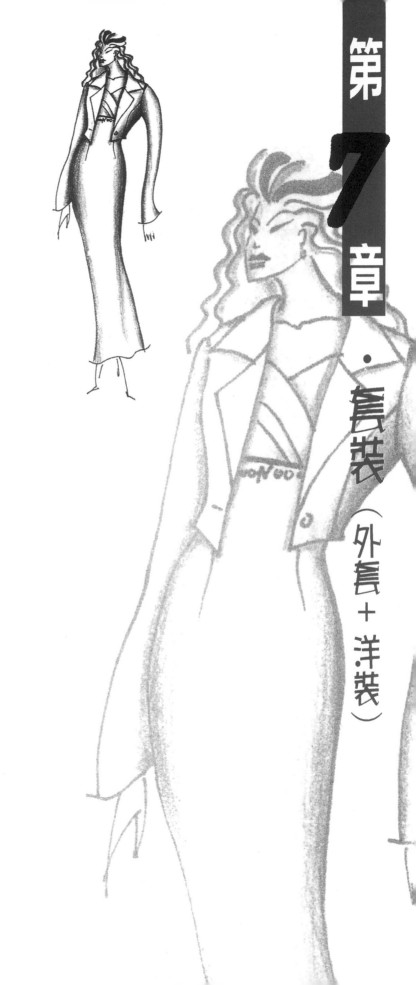

第7章 · 套裝（外套＋洋裝）

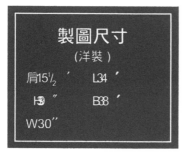

製圖尺寸
（洋裝）

肩15¹/₂′ L34′

H39″ B38′

W30″

134

襯衫領外套＋短洋裝

補充說明：

1.外套領子的畫法是先原型領圍削進¹/₄″、再從¹/₄″處往外³/₄″。

2.洋裝原型領圍的畫法，請參照婦女上衣原型。

3.此件為小外套搭配短洋裝的款式設計。

4.洋裝脅邊胸褶紙型需先合併，再裁剪布料。

短洋裝

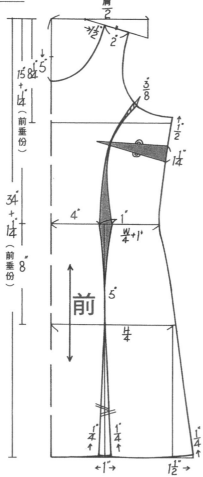

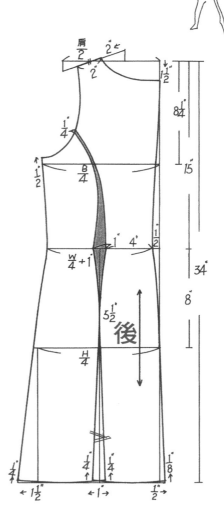

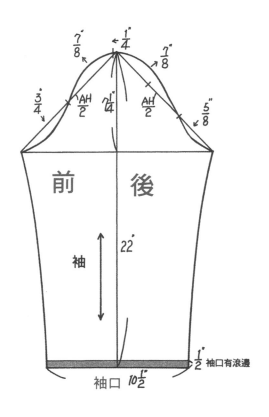

前　後

袖　22″

袖口 10$\frac{1}{2}$′　$\frac{1}{2}$″ 袖口有滾邊

135

製圖尺寸
(外套)

肩 16″　B39″　L15″

W31″　　袖 L22″

袖口 10$\frac{1}{2}$″

襯衫領外套

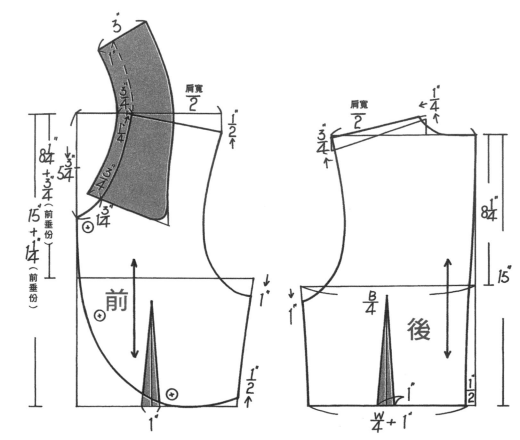

肩寬 $\frac{2}{2}$　$\frac{1}{2}$″

$8\frac{1}{4}″ + \frac{3}{4}″$（前垂份）

$15″ + 1\frac{1}{4}″$（前垂份）

前

1″　$\frac{1}{2}$″

肩寬 $\frac{2}{2}$　$\frac{1}{4}$″

$\frac{3}{4}$″

$8\frac{1}{4}$″

15″

$\frac{B}{4}$

後

1″　$\frac{1}{2}$

$\frac{W}{4} + 1″$

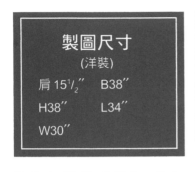

136

披肩領外套＋短洋裝

補充說明：

1.外套側領點的畫法，是從原型領圍處削進½″、再從½″處往外¾″，取側領點。

2.外套脅邊胸褶紙型需轉移至腰褶。

3.洋裝脅邊胸褶轉移成袖襬褶。

（請參見色圖）

短洋裝

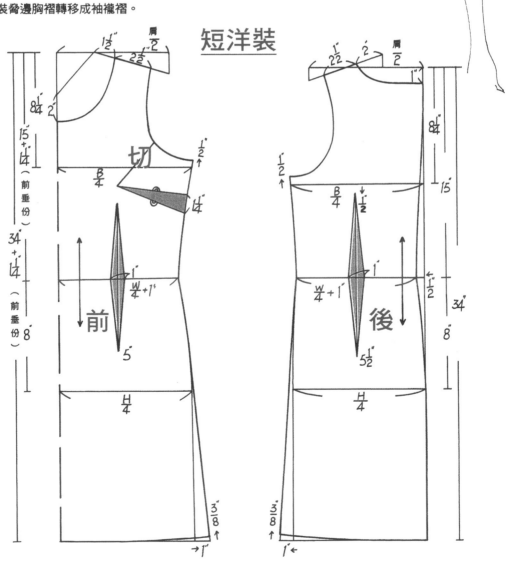

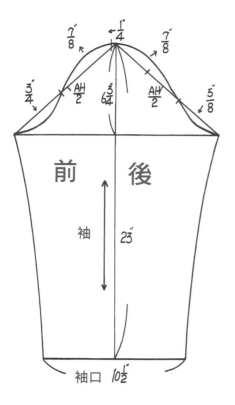

137

製圖尺寸
(外套)
肩16 〞　　L14 ′
B39 ½〞　　袖23 〞
袖口10½ 〞

披肩領外套

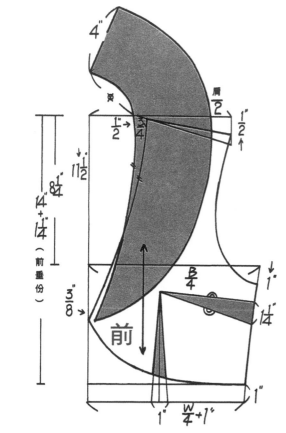

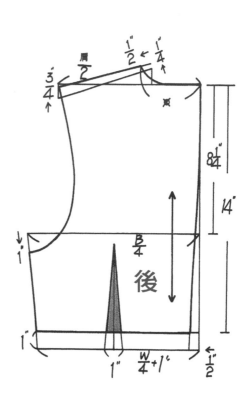

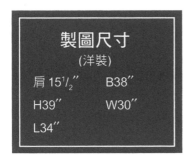

製圖尺寸
（洋裝）
肩 $15\frac{1}{2}''$　B38"
H39"　W30"
L34"

138

西裝領外套 + 短洋裝

補充説明：

1.領子的畫法，是從原型領圍處削進 1"、再從 1" 處往外$\frac{3}{4}$"，取側領點。

2.原型領圍的畫法，請參照婦女上衣原型。

3.脅邊胸褶紙型需先合併，再裁剪布料。

（請參見彩色圖）

短洋裝

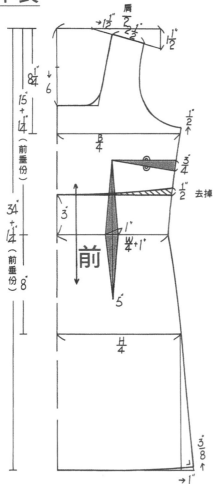

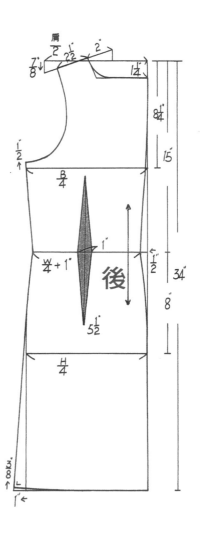

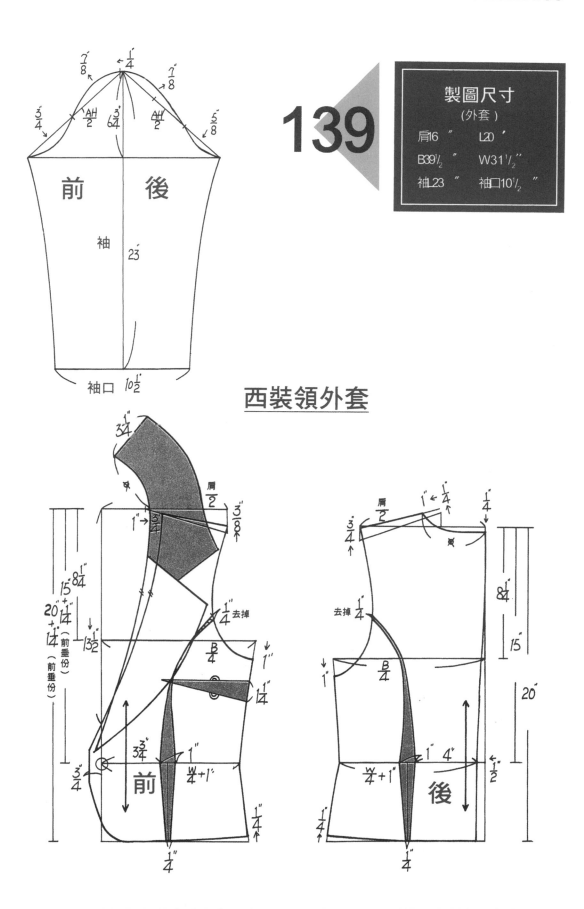

前　後

袖 23"

袖口 10½"

西裝領外套

前

後

製圖尺寸
(外套)

肩16 ″　　L20 ′

B39½ ″　　W31½ ″

袖23 ″　　袖口10½ ″

139

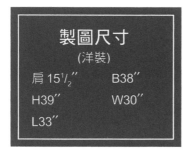

製圖尺寸
（洋裝）

肩 15½″　　B38″

H39″　　　W30″

L33″

西裝領外套＋短洋裝

補充説明：

1.西裝領的畫法，請參照另一本基礎版。

2.前片脅邊胸褶需先合併，再裁剪布料。

3.洋裝脅邊胸褶轉移至袖襱處。

（請參見彩色圖）

短洋裝

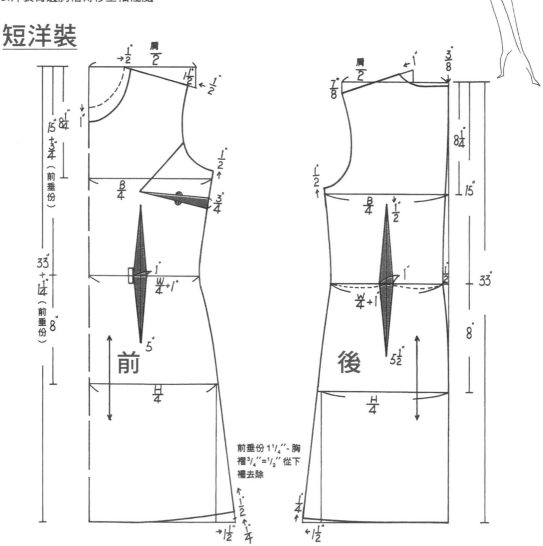

前垂份 1¼″ - 胸
褶 ¾″ = ½″ 從下
襬去除

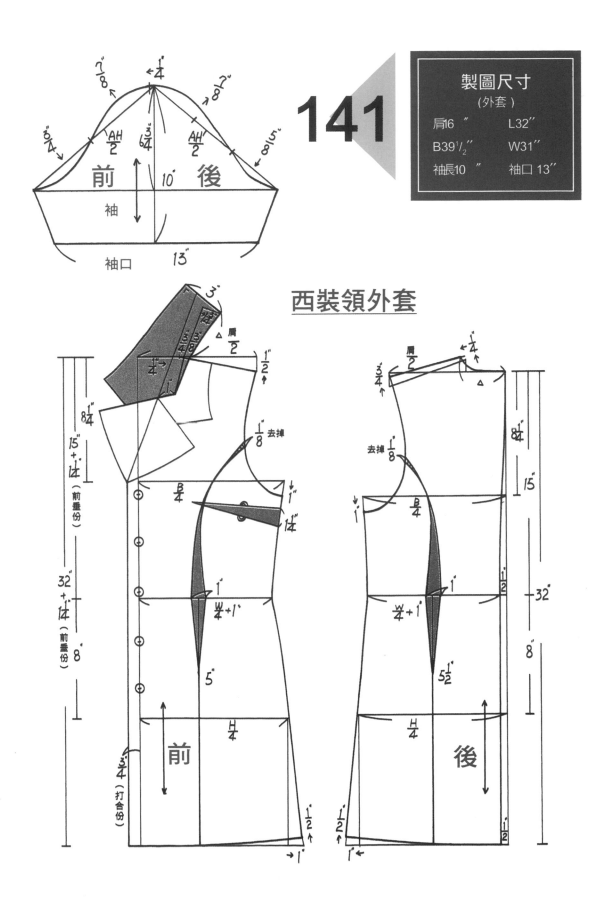

141

製圖尺寸
(外套)

肩16 ″ L32″

B39¹/₂″ W31″

袖長10 ″ 袖口 13″

西裝領外套

前 後

袖

袖口 13″

前

後

製圖尺寸
（洋裝）
H39~40〞　　L53〞
B38〞　　　W30〞

142

西裝領外套＋長洋裝

補充說明：

1.西裝領的畫法，請參照另一本女裝基礎版的畫法。

2.脅邊胸褶紙型需先合併，再裁剪布料。

3.此款式為小外套搭配長洋裝的設計。

長洋裝

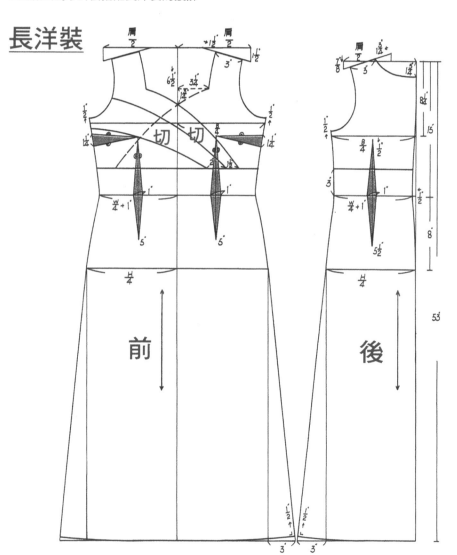

（請參見彩色圖）

洋裝左上身切展圖

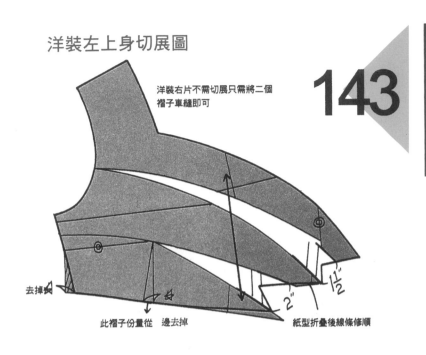

洋裝右片不需切展只需將二個
褶子車縫即可

去掉

此褶子份量從　邊去掉

紙型折疊後線條修順

2″

1½″

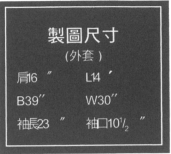

143

製圖尺寸
（外套）

肩16 ″	L14 ′
B39″	W30″
袖長23 ″	袖口10½ ″

西裝領外套

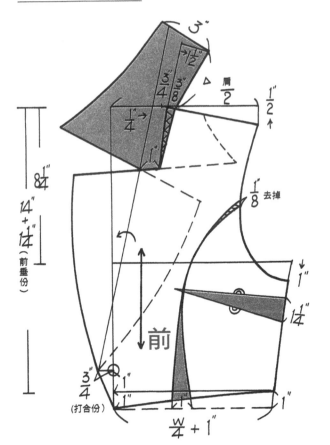

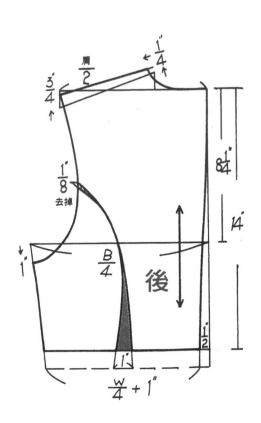

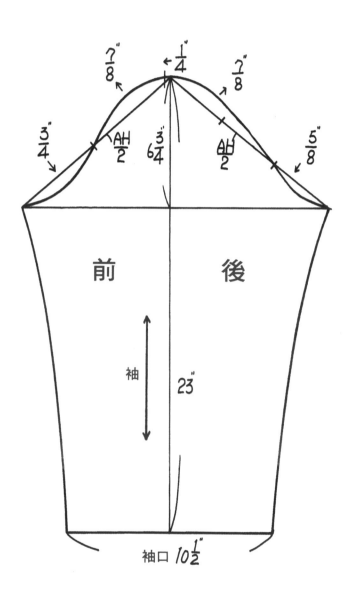

前　　後

袖

$\frac{1}{4}$″

$\frac{7}{8}$″

$\frac{7}{8}$″

$\frac{3}{4}$″

$\frac{5}{8}$″

$\frac{AH}{2}$

$\frac{AH}{2}$

$\frac{3}{64}$″

23″

袖口 $10\frac{1}{2}$″

第1章
·頭紗

禮服單元

禮服概說

　　近年來新娘禮服的式樣趨向於簡單化，例如大蓬裙、大蓬袖趨向於小蓬裙、合身袖的情形；裝飾點綴的珠子、亮片、蝴蝶結、綴飾等等也不再繁複。整體而言，給人一種自然簡潔之美。這與時裝界的流行脈動趨向自然、簡單、舒適、休閒化及合乎人體機能功學的腳步，互相謀合。這些年來，大自然生活環境被人類破壞的很嚴重，人們意識到居住的環境空間就只有這麼一個地球，若不加以維護，未來的日子及後代子孫如何繼續生存？因此，環保意識的抬頭，影響了整個服裝界，服裝使用的素材及其染料等等造成大自然的破壞漸漸受到重視，設計師們不再以征服大自然的角色而沾沾自喜，而是開始設計能與大自然取得適當協調並存的角色地位，於是質樸、自然風應運而生，帶動本世紀的流行脈動，也催化了未來二十一世紀的流行風潮。因此，禮服的流行式樣，也受到了整個流行風尚的影響，整體趨向簡單、自然的訴求表現。因此，近年來市面所見的禮服樣式、裝飾趨向於簡單化，但素材在科技日新月異蓬勃發展之下，更趨向精緻化、人性化。

　　在西化的風潮影響下，原本屬於西方款式的白紗禮服，漸漸取代了屬於中國式戴鳳冠穿裙襖的新娘禮服樣式，這在全球設計風趨向本土化，具有地方特色、文化的訴求理念是互相違背的。西式的白紗禮服幾十年來在中國人的婚宴中，一直處於屹立不搖的地位，這種型式在形成已固定化的穿法中，想要謀求改變突破，似乎不是一件簡單的事。因為它不像時裝可隨心所欲自由的穿著，新娘禮服是在特別的日子中，聚集了許多親朋好友，它是眾人矚目的焦點，承受外界各方的注目及壓力，若嘗試改變，很容易招惹異樣的眼光。因此，延續目前既有穿著白紗禮服的形式，或許這就是中國式的新娘禮服型式很難再被廣為接受、突破的原因吧！

　　禮服顧名思義是合乎禮儀的服裝。禮服大致可區分為結婚禮服、晚禮服及正式訪問服等。在本書的禮服單元，是針對新娘禮服、晚禮服部分作探討，內容大致分成頭紗、蓬裙及禮服三大部分。禮服常用的布料有絲綢、緞面組織的素材等，這些布料車縫時縫合線易牽吊，故減少打褶或剪接的情形是較好的處理方式。雖然禮服篇幅佔本書的份量並不多，但大致已包括現有的新娘禮服外型型式。市面上有關禮服打版的書籍並不多，希望此書能對服裝愛好者有所幫助，也煩請讀者在參考此書之餘，不吝對作者賜教。

製圖尺寸

第一層長 36$\frac{1}{2}$″
第二層長 40$\frac{1}{2}$″

148

二層頭紗

補充說明：

1.第一、二層靠近中間部份有抽細褶的處理，剩餘的 16″ 則自然垂下。

2.頭紗頭頂細褶處，可用花朵遮蓋住，較為美觀。

3.第一、二層下襬處可依喜好添加花邊的設計。

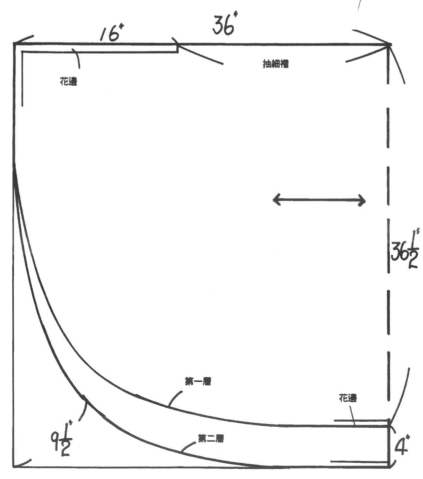

149

製圖尺寸

第一層長 22″

第二層長 42″

二層頭紗

補充說明：

1.第一、二層靠近中間部份有抽細褶的處理，左右剩餘的 16″ 則自然垂下。

2.頭紗頭頂細褶處，可用花朵遮蓋住，較為美觀。

3.第一、二層下襬處可依喜好添加花邊的設計。

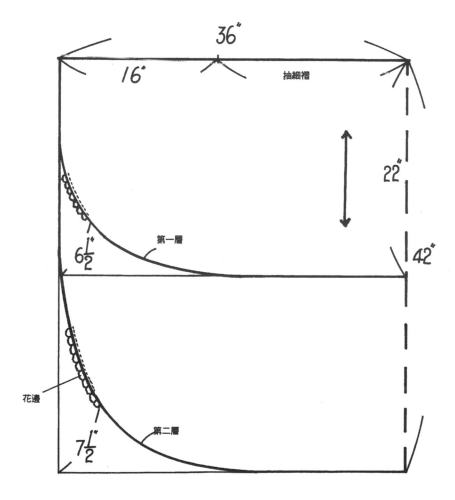

製圖尺寸

第一層長 50″
第二層長 128″

150

二層長頭紗

補充說明：

1.第一、二層的抽細褶份量，可依喜好來調整。

2.二層抽細褶集中頭頂處，可用花朵遮蓋住，較為美觀。

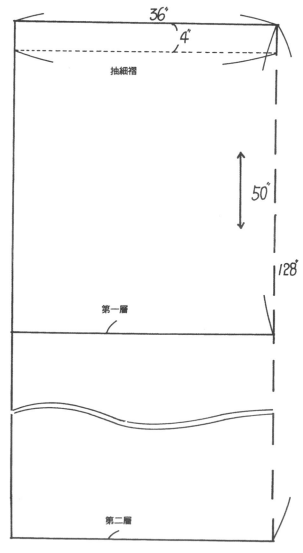

151

三層頭紗

補充説明：

1.第一、二、三層的抽細褶份量，可依喜好來調整。

2.三層抽細褶集中頭頂處，可用碎花朵或蝴蝶結遮蓋住，較為美觀。

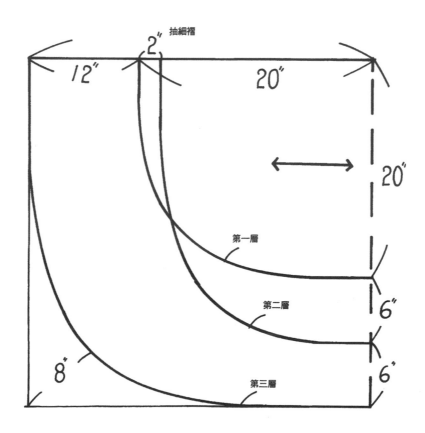

製圖尺寸

W27″　　　L37″

154

多層的六角網大蓬裙

補充説明：

1. 此件蓬裙因每一層重疊的份量多，產生的蓬裙較大。

2. 穿著裙撐時為方便行走及不致露出裙外，
   裙撐長度應比裙子短 5″。

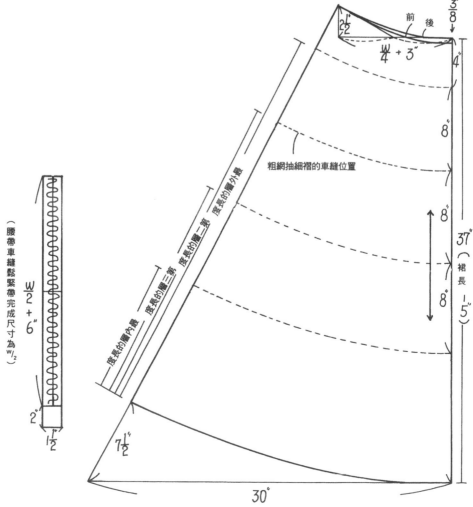

$\frac{3}{8}$ ″

前　後

$2\frac{1}{2}$ ″

$\frac{W}{4}+3$ ″

4 ″

8 ″

8 ″

8 ″

37 ″（裙長 - 5″）

8 ″

粗網抽細褶的車縫位置

最外層的長度　第一層的長度　第二層的長度　最內層的長度

（腰帶車縫鬆緊帶完成尺寸為 w/2）

$\frac{W}{2}+6$ ″

2 ″

$1\frac{1}{2}$ ″

$7\frac{1}{2}$ ″

30°

155

製圖尺寸

W27″   L37″

多層的六角網大蓬裙

補充説明：

1.此件蓬裙因每一層重疊的份量不多，產生的蓬裙較小。

2.穿著裙撐時為方便行走及不致露出裙外，裙撐長度應比裙子短5″。

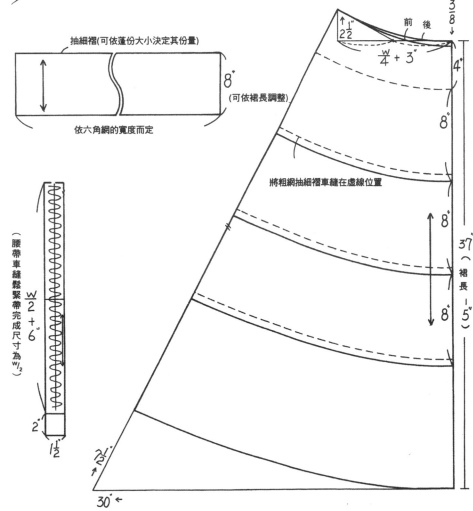

製圖尺寸

W27″   L37″

156

穿鋼條的裙撐

補充説明：

1. 襯裙一層的蓬份大小可隨臀邊的斜度來調整。在襯裙之外可車縫一層六角網，可使襯裙的蓬份更平順、好看。

2. 穿著裙撐時為方便行走及不致露出裙外，裙撐長度應比裙子短 5″。

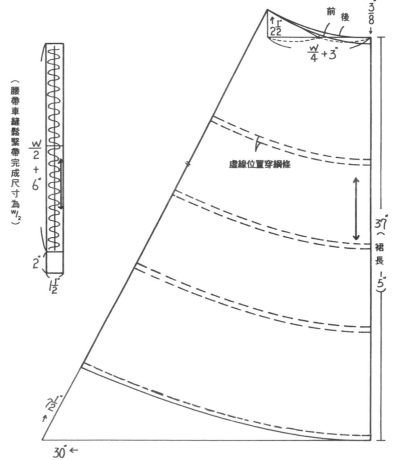

（腰帶車縫鬆緊帶完成尺寸為 w/2）

$\frac{W}{2}+6$″

2″

1½″

$\frac{1½″}{22}$

前　後

$\frac{3}{8}$″

$\frac{W}{4}+3$″

虛線位置穿鋼條

37″（裙長 -5）

2½″

30″

製圖尺寸

裙42 ″	肩14 ″
B36 ′	W26″
袖長6½ ″	袖口12½ ″

158

方形領禮服

補充說明：

1.原型領圍的畫法，請參照婦女上衣原型。

2.腰圍處採用抽細褶的處理方式。

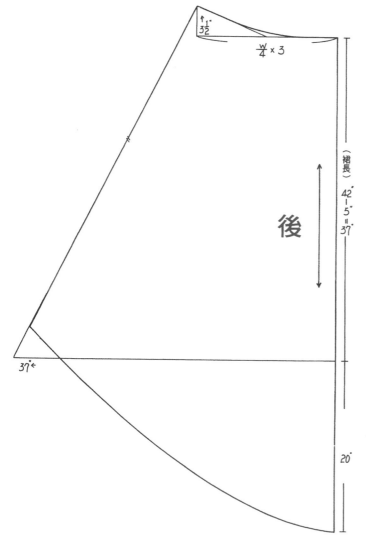

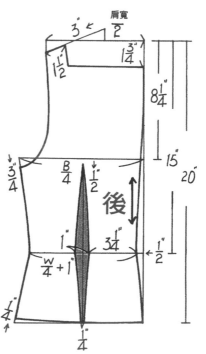

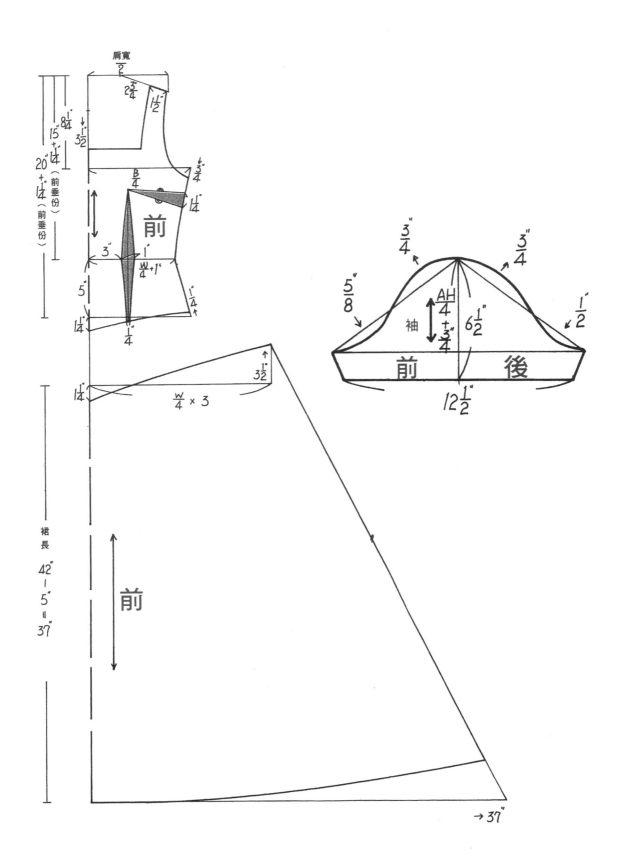

製圖尺寸

裙 42 ″	肩寬 14 ″
B36 ′	W26″

大圓領禮服

補充說明：

1.原型領圍的畫法，請參照婦女上衣原型。

2.領圍及腰圍處紙型需先合併,再裁剪布料。

3.公主線處可穿魚骨可使上衣更有支撐力。

4.腰圍處為抽細褶的處理。

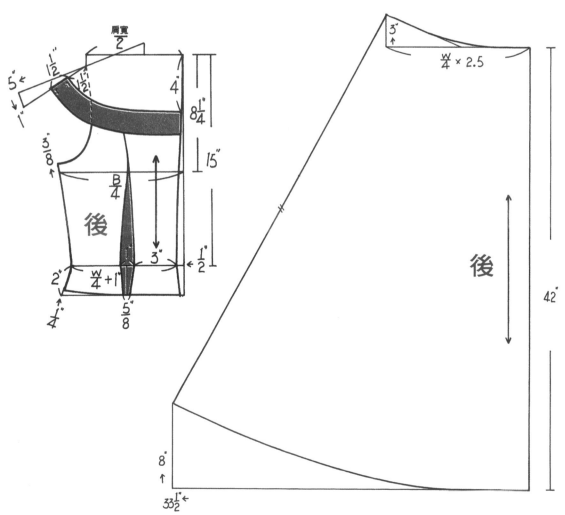

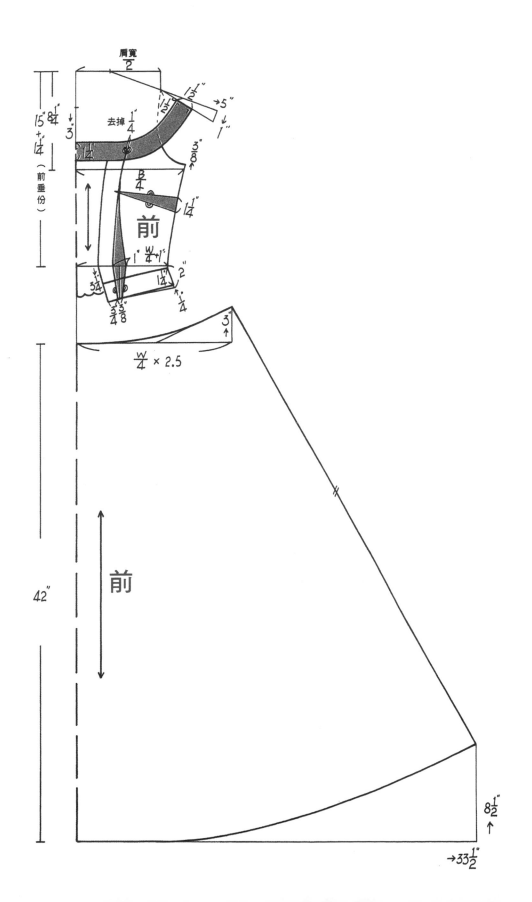

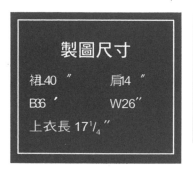

製圖尺寸

裙40 ＂	肩14 ＂
B36 ′	W26＂
上衣長 17¼ ＂	

162

低胸禮服

補充説明：

1. 原型領圍的畫法，請參照婦女上衣原型。

2. 上衣虛線部份為內層。

3. 實線之內為外層布料，可使用綢緞，在公主線及脅邊處以
   魚骨固定可使上衣更有硬挺之感。

4. 裙子是屬於八片裙。

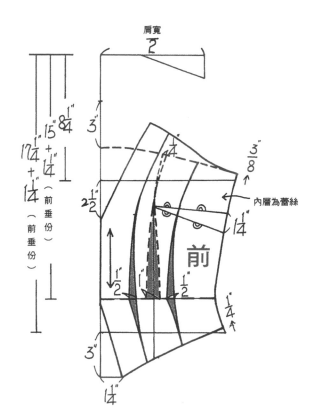

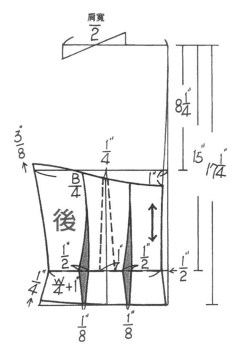

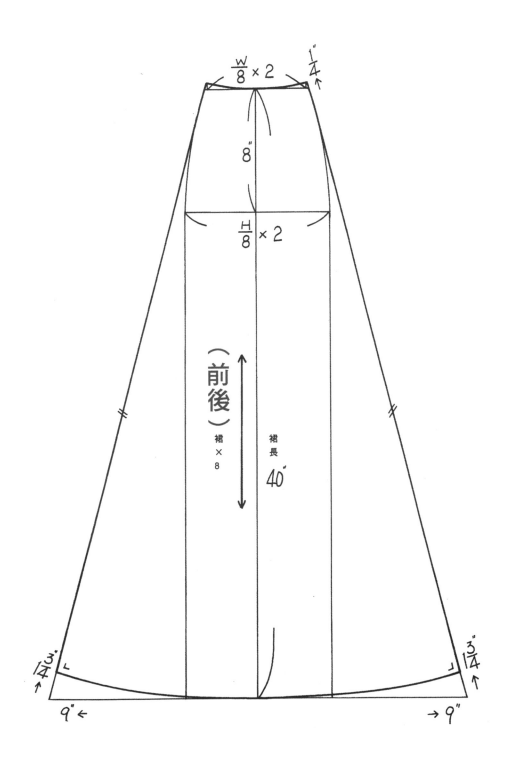

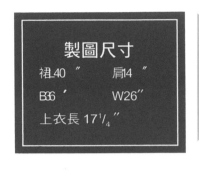

製圖尺寸

裙 40 ″　　肩 14 ″
B36 ′　　W26″
上衣長 17¼ ″

164

低胸禮服

補充說明：

1. 原型領圍的畫法請參照婦女上衣原型。
2. 細肩帶布易被拉伸變長，故在前片先減短 ³⁄₈″ 的長度

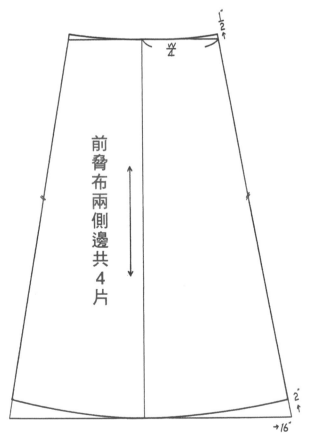

前脅布兩側邊共 4 片

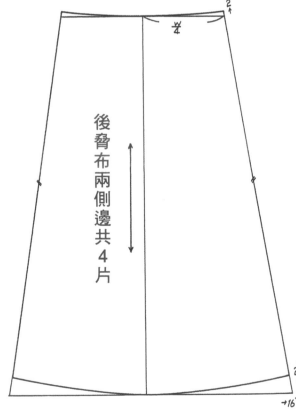

後脅布兩側邊共 4 片

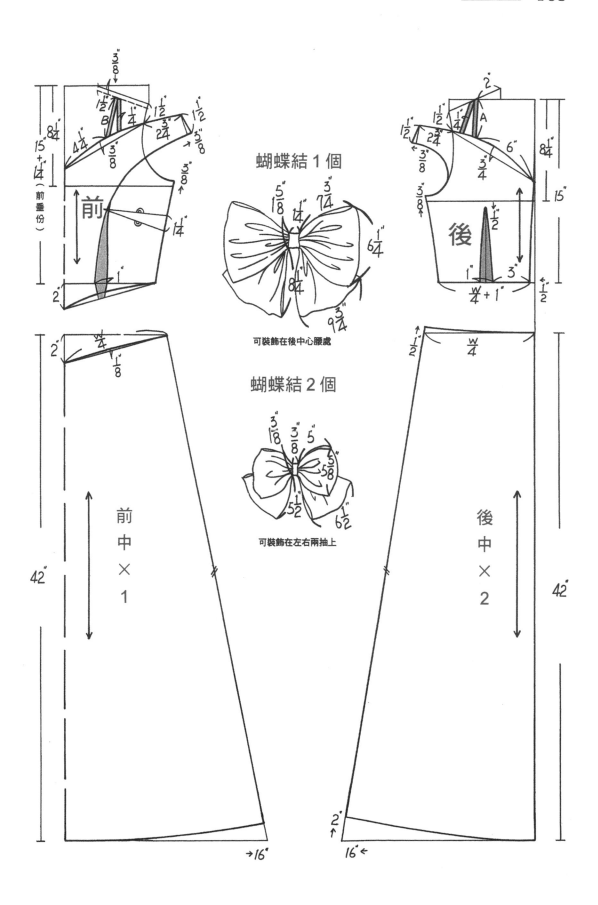

蝴蝶結 1 個

可裝飾在後中心腰處

蝴蝶結 2 個

可裝飾在左右兩抽上

製圖尺寸

裙長42 〞　　　肩14 〞

B36 ′　　　W26〞

H38 〞

166

削肩禮服

補充說明：

1.原型領圍的畫法，請參照婦女上衣原型。

2.脅邊及袖襱處的胸褶紙型需先合併，再裁剪布料。

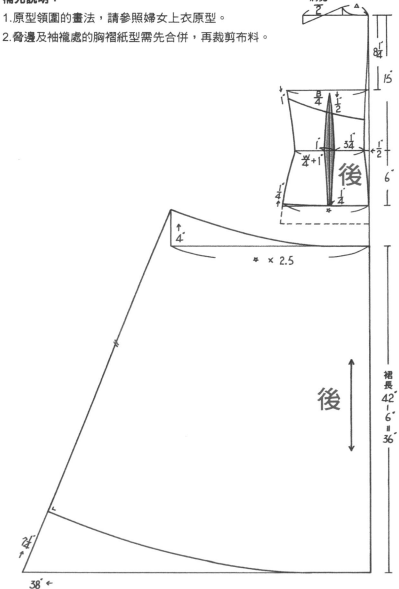

肩寬

後

裙長
42
－
6
＝
36

後

38〞

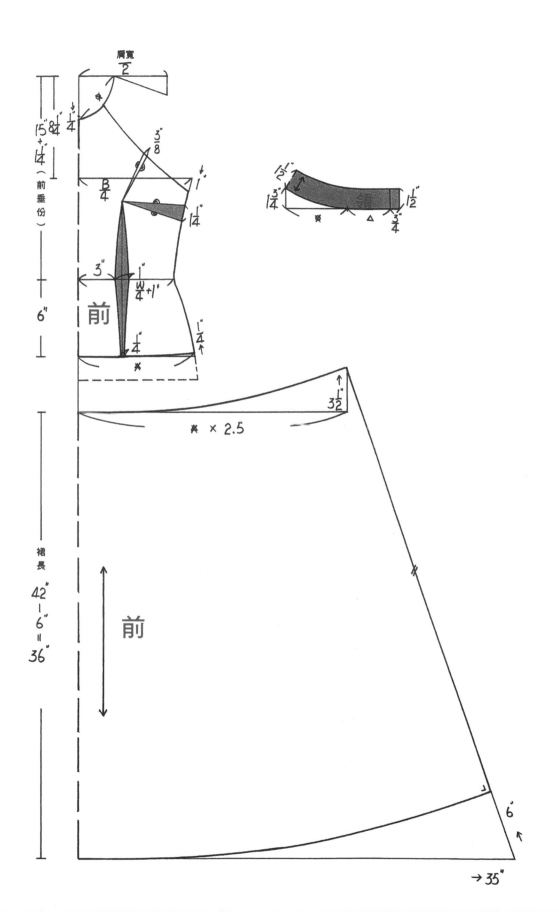

削肩立領禮服

補充説明：

1. 原型領圍的畫法，請參照婦女上衣原型。

2. 脅邊袖襱處的胸褶紙型需先合併,再裁剪布料。

3. 左前襟需比右前襟多出 $3/4$″ 的打合份。

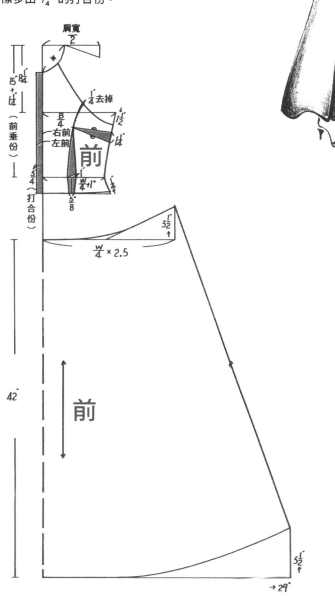

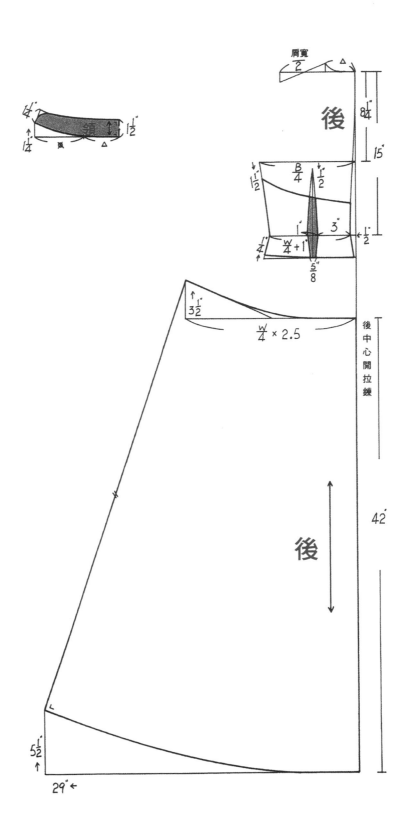

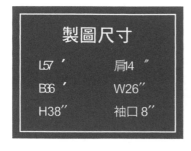

製圖尺寸

L57 ′	肩14 ″
B36 ′	W26″
H38″	袖口 8″

170

立領拉克蘭袖禮服

補充說明:

1.原型領圍的畫法,請參照婦女上衣原型。

2.領圍處可採用薄紗透明的設計。

3.後中心下襬處有開叉的設計。

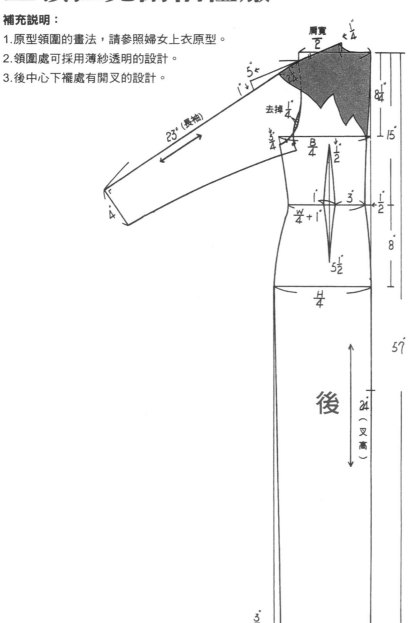

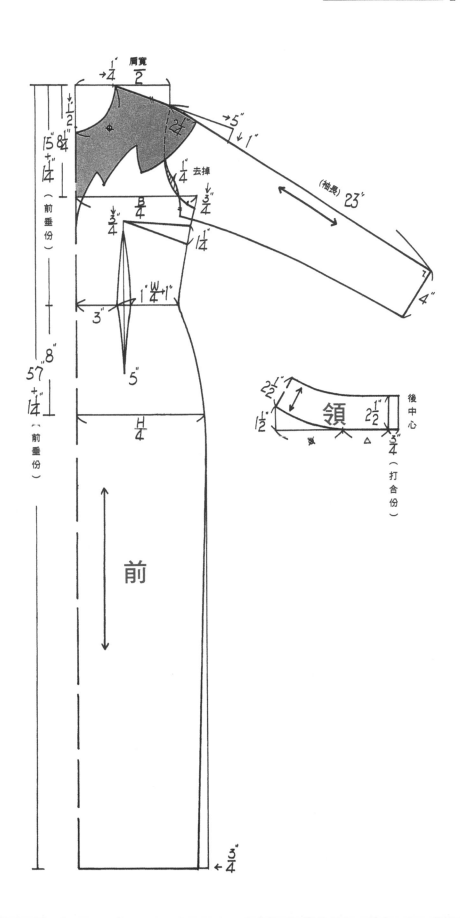

製圖尺寸

裙長44 ″ 肩14 ″

B36 ′ W26″

H38″

172

雙層大荷葉領禮服

補充說明：

1.禮服的荷葉領亦可用別的素材來變化設計。

2.本布是指禮服表面所見最外層的面布，別布是指內層的布。

3.腰處是採用抽細褶的處理方式。

4.原型領圍的畫法，請參照婦女上衣原型。

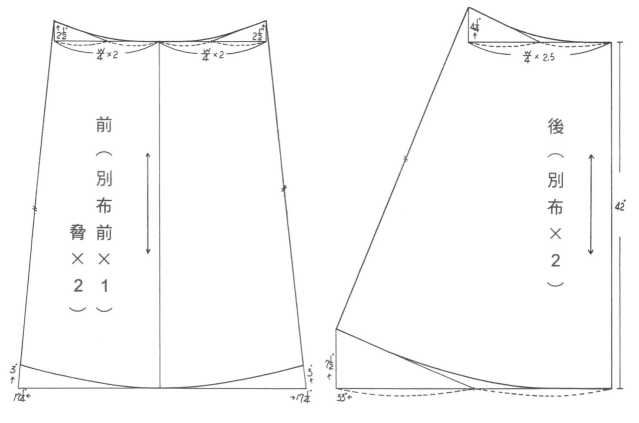

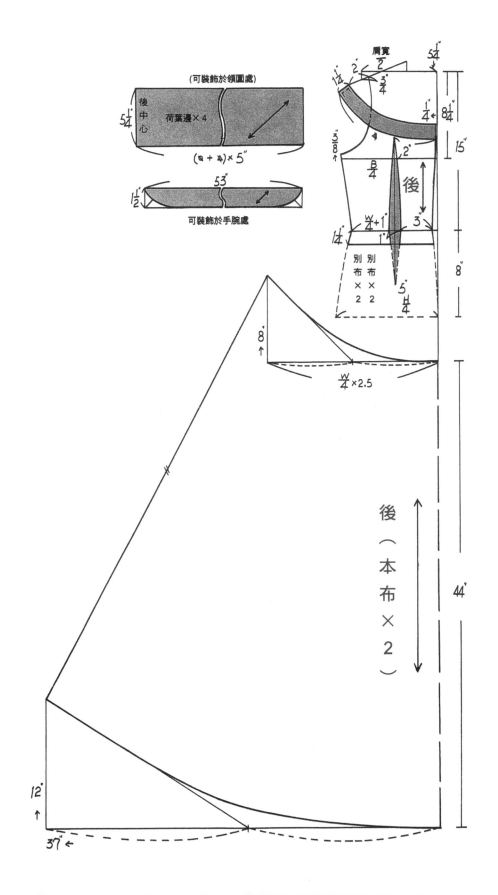

(可裝飾於領圍處)

後中心

荷葉邊×4

(B＋4)×5″

可裝飾於手腕處

53″

肩寬 2

後

別布×2 別布×2

H 4 ×5″

W 4 ×2.5

後（本布×2）

44″

37″

12″

8″

15″

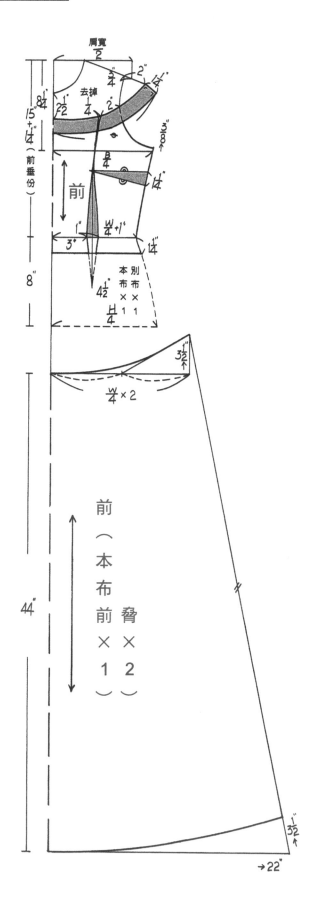

人造花×1個(裝飾於後中心腰處)

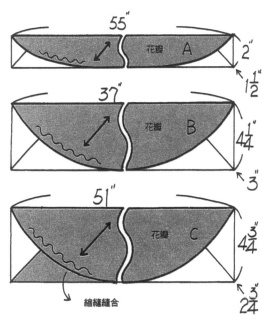

完成圖

正面

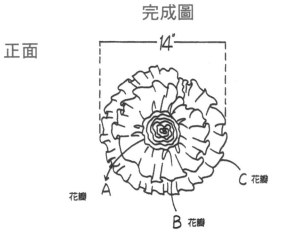

背面

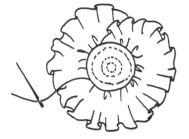

背面以直徑5½"圓形檔布為底,將
花瓣A、B、C一層層的縫合固定。

變化領禮服

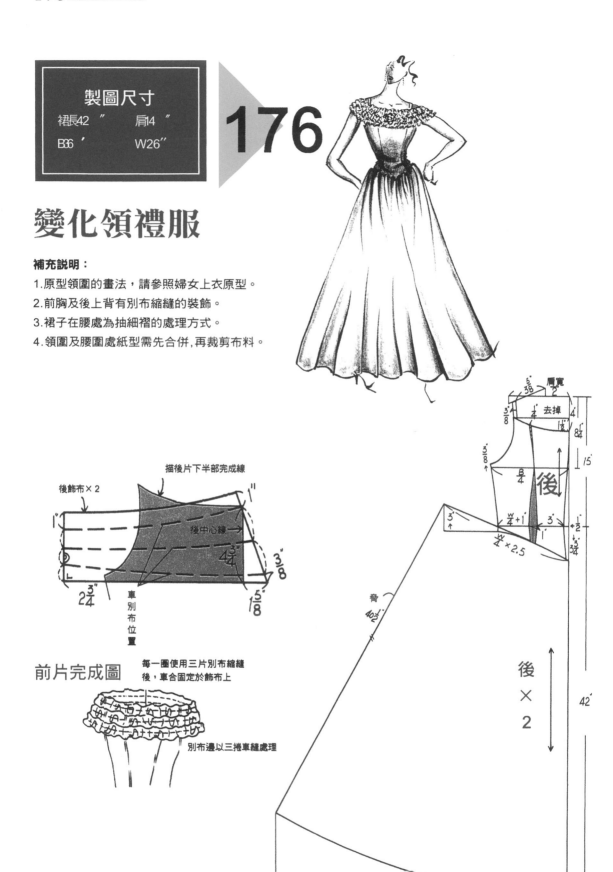

製圖尺寸

裙長42 ″	肩4 ″
B36 ′	W26″

176

補充説明：

1.原型領圍的畫法,請參照婦女上衣原型。

2.前胸及後上背有別布縮縫的裝飾。

3.裙子在腰處為抽細褶的處理方式。

4.領圍及腰圍處紙型需先合併,再裁剪布料。

後飾布×2

描後片下半部完成線

後中心線→

車別布位置

2 ¾″

4 ¾

5 ⅛″

前片完成圖

每一圈使用三片別布縮縫
後,車合固定於飾布上

別布邊以三捲車縫處理

肩寬
2

去掉

後

後
×
2

脅
40½

42″

33½←

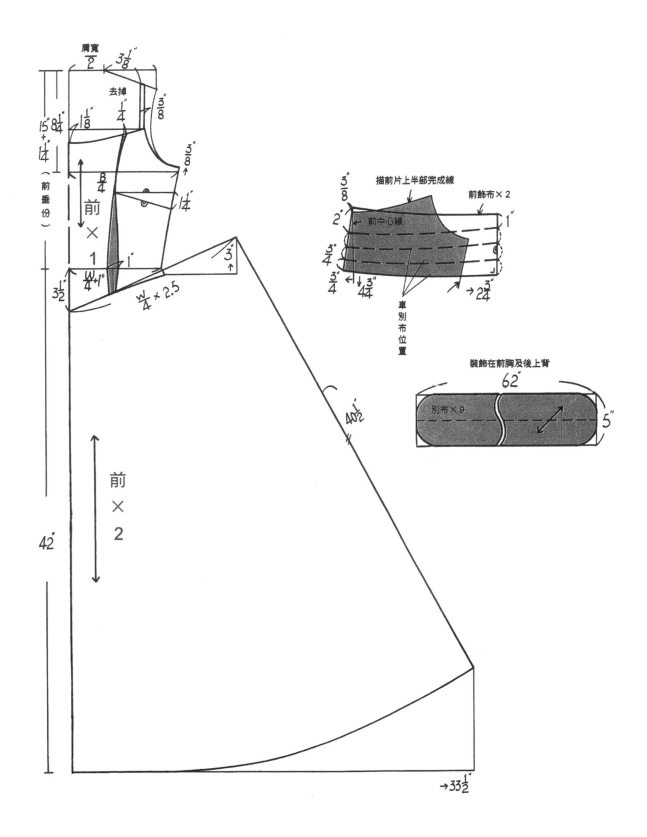

肩寬
$\frac{肩寬}{2}$ $3\frac{1}{8}"$

去掉

$1\frac{1}{8}"$ $\frac{1}{4}"$ $\frac{3}{8}"$

$15"+1\frac{1}{4}"$ （前垂份） $8\frac{1}{4}"$

$\frac{B}{4}$

前 × 1

$\frac{3}{8}"$ ↑

$1\frac{1}{4}"$

$\frac{W}{4}+1"$ $1"$

$3\frac{1}{2}"$ $\frac{3"}{4} \times 2.5$

$\frac{3}{4}"$ ↑

$40\frac{1}{2}"$

前 × 2

42"

→ $33\frac{1}{2}"$

描前片上半部完成線

$3\frac{1}{8}"$ 前飾布 × 2

2" 前中心線 1"

$4\frac{1}{8}"$

$\frac{3}{4}"$ $4\frac{3}{4}"$ $\frac{3}{4}"$ ↓ 車別布位置 → $2\frac{3}{4}"$

裝飾在前胸及後上背

62"

別布 × 9 5"

製圖尺寸

肩14″	B36′
H38″	L57″
W26″	

變化領禮服

補充説明：

1. 原型領圍的畫法，請參照婦女上衣原型。

2. 前中心有領口開的很大的平貼領設計。

3. 脅邊胸褶紙型需先合併,再裁剪布料。

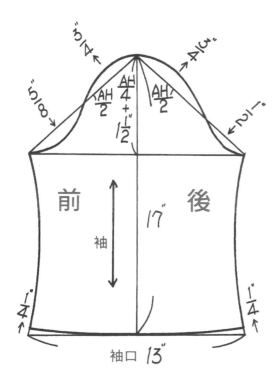

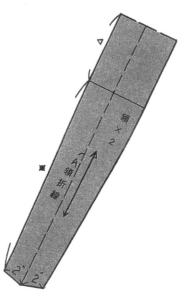

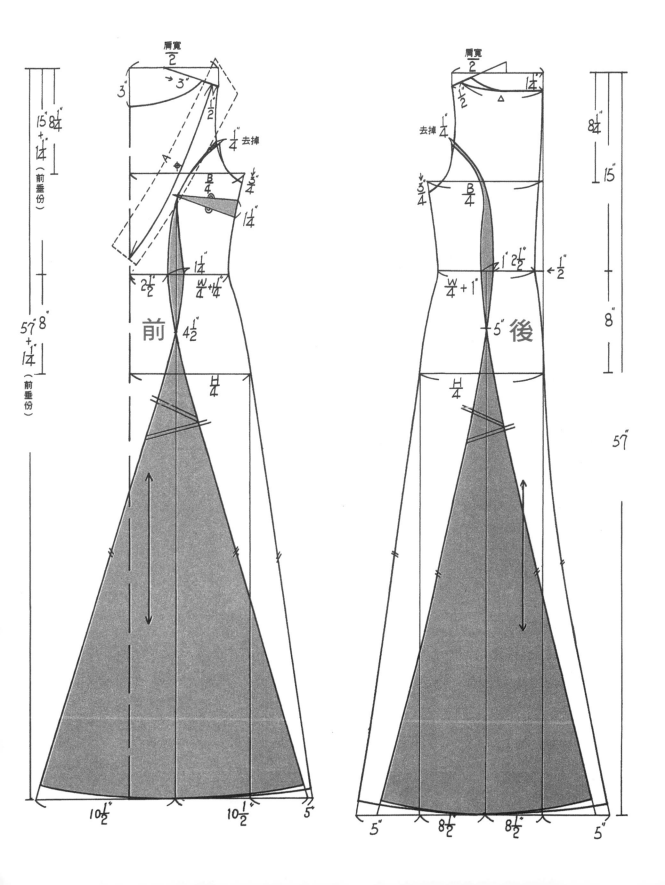

女裝&禮服成衣打版技法

Pattern Making & Production of Women's Garments & Ceremonial Dress

著　　　者：蘇惠玲‧翁麗明

出 版 者：北星圖書事業股份有限公司

發 行 人：陳偉祥

發 行 所：台北縣永和市中正路458號B1

　　　　　電話：02-29229000　傳真：02-29229041

封面設計：楊適豪

打版繪圖：翁素婷

美術編輯：象形國際文化股份有限公司

　　　　　台北市三民路107巷24號1樓

　　　　　電話：02-27530234　傳真：02-27533876

定價：320元整